図解 思わずだれかに話したくなる

身近にあふれる「気象・天気」が3時間でわかる本

著者 金子大輔

はじめに

気象・天気の世界へようこそ！

突然ですが、みなさんは毎日“天気予報をチェック”しているでしょうか。きっと多くの方が、毎日当たり前のよう“天気予報をチェック”していることでしょう。
そう、私たち日本人の多くは、自分で思っている以上に天気を気にし、天気を身近に感じながら過ごしているのです。

そんな私たちの身近な生活に密着したものであるにもかかわらず、気象・天気について学ぶ機会は思いのほか少ないことに気づきます。
実際、中学校の「理科・第２分野」で学んで以来まとまって学んだことがない、という方がほとんどではないでしょうか。受験で使用しにくいからか、高校で「地学科」を設けている学校は少なく、気象を含む高校地学はすっかりマイナー科目になってしまいました。
本書はそんな、気象の勉強は小学校、あるいは中学校以来という方でもとっつきやすいように、平易な文章を心がけながら、私たちの生活とともにある「気象・天気」を楽しく学ぶための本です。

ところで近年、毎年のように発生しているのが「気象災害」です。線状降水帯やゲリラ豪雨、温暖化や異常気象など、みなさんも気になる言葉がきっとたくさんあるのではないでしょうか。

本書では、こうした私たちの生活に密着した「気象・天気」にまつわる話題を総まとめにしています。

場合によっては少し横道にそれて雑談に走ったり、マニアックなウンチクやトリビアもふんだんに盛りこんだりと、飽きずに読み進められる工夫もしています。最初からじっくり読んでくださっても、気になったところから読んでくださっても、楽しく読み進められると思います。

「地学」はマイナー科目とはいっても、勉強すると本当におもしろく、深みにはまると楽しいばかりか、あまりに考えさせられて眠れなくなってしまったり、ちょっと怖くなってしまったりすることもある、そんなワクワク・ドキドキを感じさせてくれる科目でもあります。

自然を前にして人間社会など無力に等しいわけですが、それでもその原理やしくみを知ることで、恐怖感をやわらげ、対策を練ることもできます。

ぜひ本書で、そうした知識も得てもらえればと思います。

それでは、魅惑に満ちた気象の世界へと足を踏み入れてみましょう！

2019年7月
金子大輔

目次　図解 身近にあふれる「気象・天気」が3時間でわかる本

第1章 『天気の基本』を学ぼう

第2章 『雲・雨・雪』を学ぼう

第３章　『四季と天気のしくみ』を学ぼう

第４章　『台風』を学ぼう

第５章　『気象災害・異常気象』を学ぼう

第６章 『天気予報のしくみ』を学ぼう

デザイン・イラスト　末吉喜美

第１章
『天気の基本』を学ぼう

01 雲ができるのに必須なものって何？

天気の変化を引き起こすことが多い「風」と「雲」は、切っても切れない関係にあります。まずは「雲のでき方」から天気のキホンについて話を進めていきましょう。

◎ 雲は上昇気流によってつくられる

風といえば、北から南に（あるいは南から北へ）、東から西へ（あるいは西から東へ）吹くもの、と考えてしまいがちです。しかし実際には地球は三次元空間なので、上下方向に吹くこともあります。

「下から上へ（地表から上空方向へ）と吹く風」を**上昇気流**、「上から下へ（上空から地表へ）と吹く風」を**下降気流**といいます。

この「上昇気流」は、雲をつくるのには必須のものです。つまり**雲があるということは、そこには上昇気流が存在すると考えてほぼまちがいない**のです。上昇気流が強いほど厚い雲が発生し、強い雨、強い雪を降らせます。

一般的な低気圧では、秒速数センチメートルくらいの上昇気流が起こっています。ところがはげしい雷雨では、秒速10メートルを超えることもあります。つまり、1秒間に10メートルもの風が次々と空へ舞い上がっていることになるのです。

また日本ではめったに発生しませんが、アメリカなどでトルネード（強烈な竜巻）を起こしたりして大暴れする巨大積乱雲に、ス

1-1 上昇気流が強いほど厚い雲になる

左（上昇気流が弱い）から右（上昇気流が強い）へ行くにつれて雲が発達していく

ーパーセルと呼ばれるものがあります[*1]。このスーパーセルの場合は、なんと秒速50メートルに達することもあります。

◎ 上昇気流はなぜ起こる？

上昇気流が起こるきっかけはいろいろあります。

たとえば**風と風がぶつかるとき**、風は地面にもぐりこむわけにはいかないので、空へ舞い上がる上昇気流を生じることになります。

また、**日射**で地表の空気が暖められると、暖められた空気が軽くなって熱気球のように上昇することになります。

*1 スーパーセルとは、ひとつの積乱雲が異常発達し、長い寿命ときわめてシビアな気象現象を起こすもの。日本で発生しにくいのは、アメリカのような広い平野がなく、でこぼこした地形によって「摩擦」が生ずることで、積乱雲の異常発達がしにくいからと考えられています。

この上昇する風に乗って、たとえばトビ（トンビ）などの鳥は輪を描くように飛んでいきます。

1-2　上昇気流ができるきっかけ

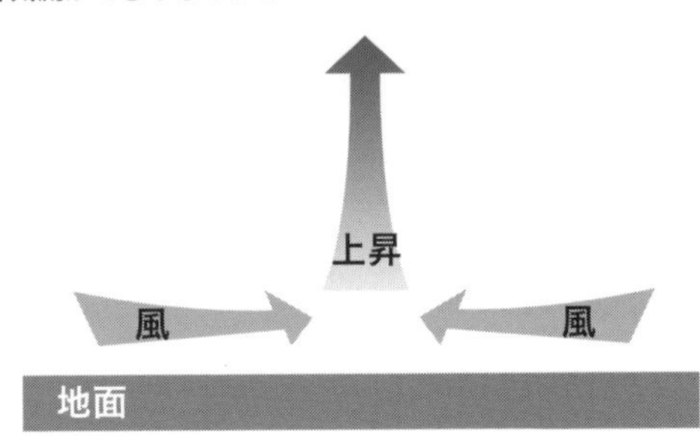

風と風がぶつかって発生

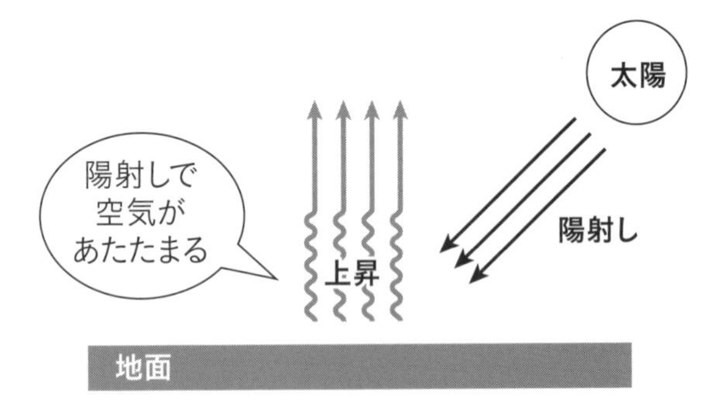

日射で発生

02「大気」と「気圧」って何？

ふだん意識している方は少ないと思いますが、私たちの身のまわりは「空気」におおわれています。この空気にも重さがあり、その「圧力」を受けながら私たちは生活をしています。

◎「大気」とは

大気とは、地球表面を層状におおっている気体のことです。私たちがふだん「空気」と呼んでいるものとほぼ同じと考えてよいでしょう。

地球の表面は、地球の引力に引き寄せられる形で大気（気体・空気）におおわれていて、上空にいくにしたがって引力の影響が小さくなり、大気も薄くなります。

大気の成分は**窒素が約78%**、**酸素が約21%**、希ガスの一種で

1-3 空気の濃さと成分

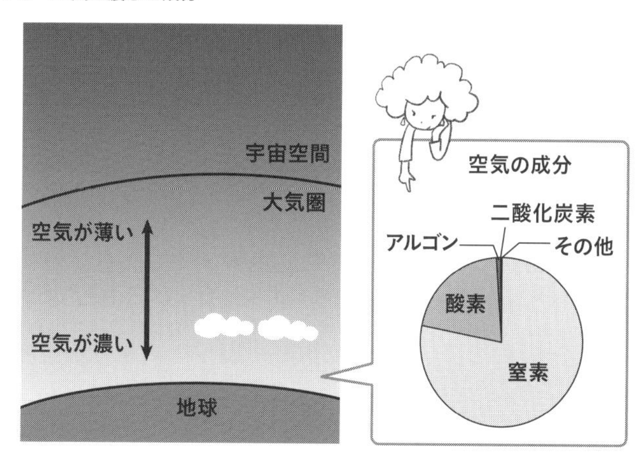

あるアルゴンが0.93%、二酸化炭素が0.03%、その他、無数ともいえる種類の気体を微量ずつ含んでいます。

◎「気圧」とは

ところで、みなさんは「空気」にも重さがあるのをご存じでしょうか。現代人は当たり前だと思うかもしれませんが、1600年代にトリチェリ（エヴァンジェリスタ・トリチェリ、イタリアの物理学者でガリレオの弟子）が世界で初めてこのことを提唱したときは、なかなか信じてもらえなかったようです。

水の中に「水圧」があることはイメージできるでしょう。水に深くもぐると、鼓膜が痛くなったり鼻血が出たりします。さらに深くもぐれば、ペシャンコにつぶされてしまいます。これは、水に重さがあり、深くもぐることで、自分より上にある水の重さがのしかかってくるためです。この「のしかかってくる力」を「水圧」といいます。

この水圧と同じように、トリチェリは「われわれは、空気の大洋の中にひたって生きている」と言いました。つまり、**空気の中で生きていることは、水の中で生きていることに類似する**というのです[*1]。

このような空気の圧力を（水の圧力を「水圧」と呼ぶのに対して）「気圧」と呼んでいるわけです。

この気圧の大きさを表す単位が、天気予報でよく耳にする**ヘクトパスカル（hPa）**で、**地球表面の平均気圧は1013hPa**です。

*1　もちろん液体か気体かのちがいはありますが、物理学的にはともに「流体」として扱うことができ、圧力などの性質も、類似に扱うことができるのです。

◎ 気圧と高度

水中では上に浮上すると水圧が小さくなりますが、空気中でも上空へ上がるほど気圧は小さくなります。頭上に存在する空気の量が減るためです。

よく平地で買ったお菓子を高山に持っていくと、袋がパンパンにふくれることがありますね。これは平地より高山のほうが気圧が小さく、袋を周りから押す力が小さくなるためです（たとえば標高2000メートルだと気圧は800hPaくらいに下がるため、袋を周りから押す力は平地の８割ほどしかありません）。

人体は多少の気圧変化には耐えられるようにできていますが、一番弱いのが鼓膜です。気圧が急に下がると、鼓膜の内側の気圧が外側より相対的に高まることになり、鼓膜がからだの内側から外側へと圧迫されることになります。高速のエレベーターや飛行機で上空へと上がると耳がキーンとするのはこのためです。

1-4 気圧の差のイメージ

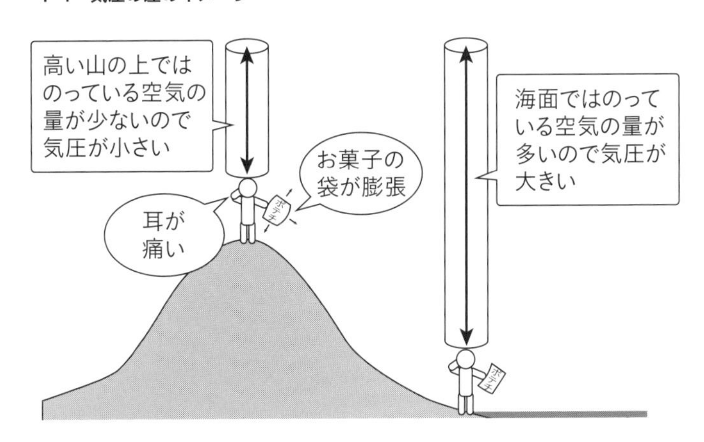

03 「低気圧」と「高気圧」はどうやって生まれるの？

天気予報でおなじみのものといえば「低気圧」と「高気圧」ですね。ところでみなさんは両者のちがいを説明できるでしょうか。それぞれの特徴やちがいを見ていきましょう。

◎ 低気圧と高気圧のちがいとは？

前の項で、地球表面の平均気圧は1013ヘクトパスカル（hPa）とお伝えしました。ただ、これはあくまで「平均」ですから、もちろんどこでも一様なわけではありません。気圧が高い（空気が濃い）ところ、気圧が低い（空気が薄い）ところがいろいろと分布しています。

この、**周りより気圧が高いところを「高気圧」、周りより気圧が低いところを「低気圧」**と呼んでいます。つまり、「何hPa以下（以上）だと低気圧（高気圧）」といった決まりはとくにないのです。**重要なのは、あくまで「周りより低いか高いか」**という点です。

たとえば、周りが1050 hPaなら1030 hPaのところは低気圧になりますし、周りが1008 hPaだと1010 hPaでも高気圧となります。

私のイメージだと、関東に雨を降らせる低気圧では平均1000 hPaくらいのようです。ただ、台風だと970 hPaにもなりますし、伊勢湾台風[*1]レベルでは930 hPa、2013年にフィリピンを襲い、

*1 伊勢湾台風とは1959年9月26日～27日に本州を縦断し、とくに名古屋周辺で甚大な被害を出した台風。戦後日本で5000人を超す犠牲者を出した自然災害は、阪神淡路大震災と東日本大震災、そして伊勢湾台風のみです。

8000人以上の犠牲者を出した台風30号*2では895 hPaにまで達しています（非公式観測では860hPaに達したともされています）。

1-5 低気圧と高気圧

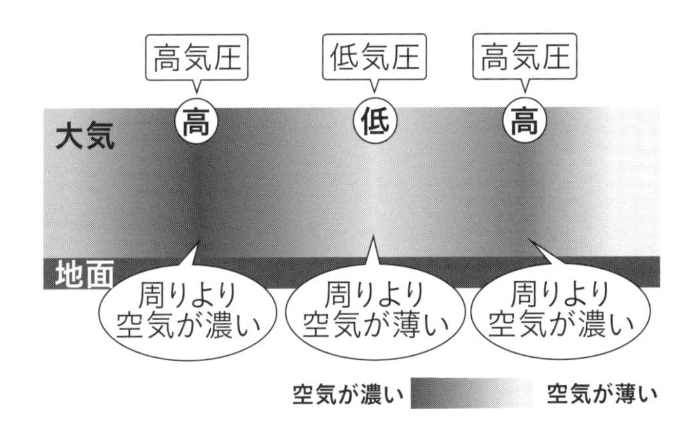

◎ どのように発生するの？

では、低気圧や高気圧はどのように発生するのでしょうか。さまざまなパターンがありますが、カギをにぎるのが「気温」です。

空気は、温めると密度が小さくなり、冷やすとギュッと引き締まって密度が大きくなります。

つまり、**局地的に高温になると、そこの空気の密度が小さく（気圧が低く）なって低気圧が生まれやすくなり、反対に低温になると、そこの空気の密度が大きく（気圧が高く）なって高気圧にな**

*2 2013年11月4日にフィリピン中部に上陸後、ベトナムから中国へと進んだ「スーパー台風」。中心気圧は895hPa、最大瞬間風速は90m/s（米軍観測では105m/s）におよび、死者行方不明者は約8000人、被災者は約1600万人という大惨事になりました。

りやすくなるというわけです。

たとえば、冬に大陸のシベリアあたりはきんきんに冷えるために「シベリア高気圧」という世界最強の高気圧が生まれ、反対に夏は暑くなるため、大陸では低気圧がうじゃうじゃしていることが多くあります。これは、気温が高気圧と低気圧の発生に大きな影響を与えていることを示しています。

1-6　暖かい空気と冷たい空気の気圧

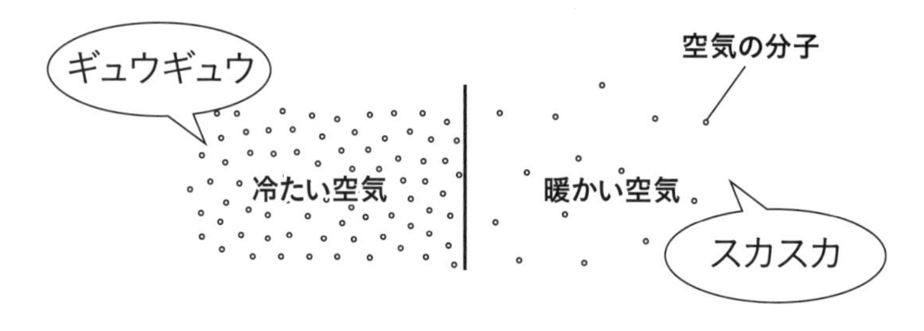

冷たい空気は
空気分子の密度が大きい

暖かい空気は
空気分子の密度が小さい

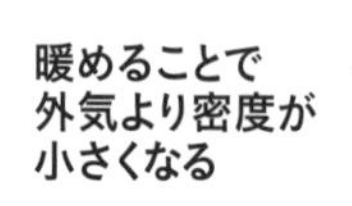

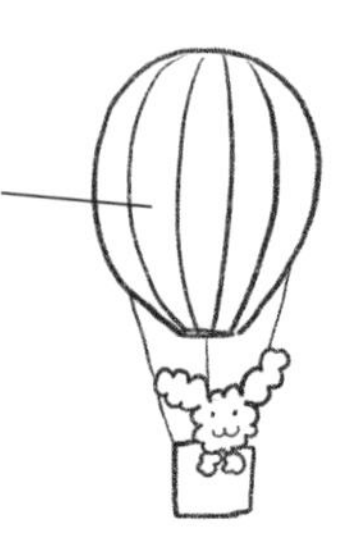

気球は
空気の密度の
差で浮くよ！

04 なぜ低気圧で天気が崩れ、高気圧で晴れるの？

風は気圧が高いほうから低いほうに向かって吹きます。高気圧は風が周りへ流れていき、低気圧は周りから風が流れてきます。その特徴が天気に影響するのです。

◎ 低気圧は「くぼ地」

水が高いところから低いところへと流れるように、空気も気圧が高いところから低いところへと流れます。このときに生じるのが「風」です。

低気圧とは、周りより気圧が低い「くぼ地」のようなイメージです。こうなると、周りから風が集まってきます。集まった風はぶつかりますが、地面にもぐりこむわけにはいかないので、**上昇気流を生じて、雲を形成する**ことになるのです。

集まってくる風は、地球の自転の影響で**反時計回りの渦巻き**となります。

1-7 低気圧の風と渦巻き

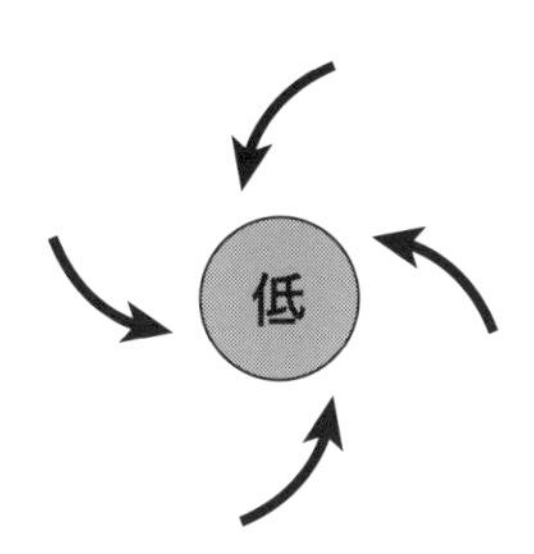

集まってきた風がぶつかり、上昇気流を生じて雲が発生

自転の影響で、集まる風は反時計回りに渦を巻く

◎ 高気圧は「丘」

一方で高気圧は、周りより気圧が高い「丘」のイメージです。周りから風が集まってくる低気圧とは反対に、周りへと風が流れていきます。その際、**上空から地上へと引っ張られる風（下降気流）を生じるために、雲が消えて天気がよくなる**のです。

風は地球の自転の影響で**時計回りの渦巻き**になります。

1-8　高気圧の風と渦巻き

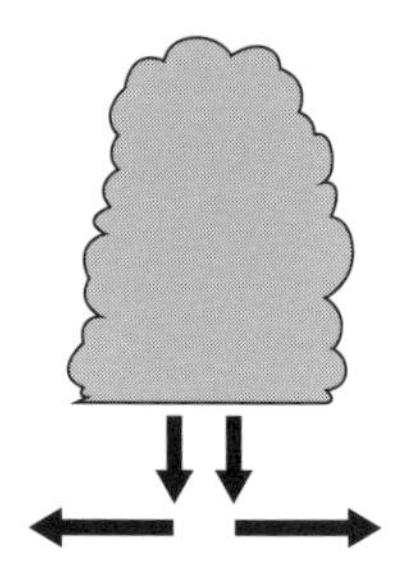

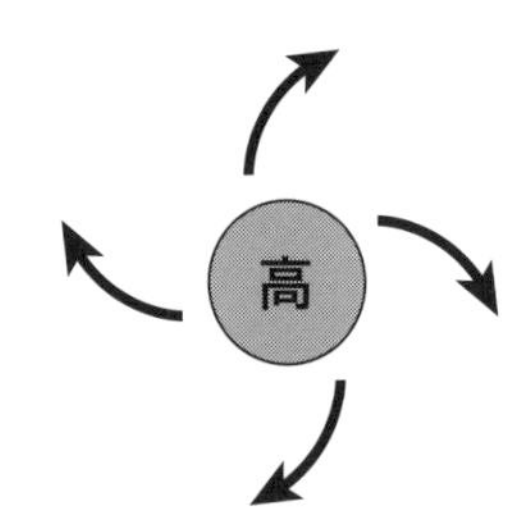

発散していく風が下降気流を生じて雲が消える

自転の影響で、集まる風は時計回りに渦を巻く

◎ 天気を悪くするオホーツク海高気圧

もちろん例外もあり、高気圧の圏内でも曇天や雨天になることがあります。有名なのは**オホーツク海高気圧**です。

三陸沖からオホーツク海に高気圧があると、本州付近に海からの湿った北東風を呼び込み、小雨が降ったり濃霧を発生させたりします。この北東風は**やませ**と呼ばれ、夏に長期にわたって吹くと冷害の原因になることでも知られています。

1-9 オホーツク海高気圧

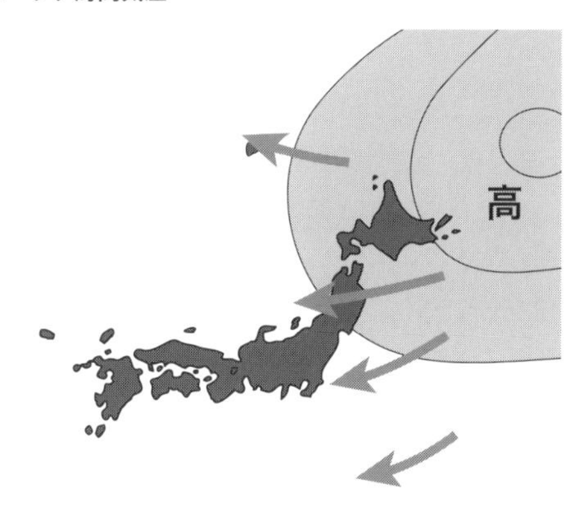

オホーツク海高気圧は、東～北日本の
太平洋側に湿った北東風をもたらす

◎「やませ」が引き起こす冷夏

日本では、古来から丑寅（うしとら）（北東）は「鬼門（きもん）」と呼ばれ、縁起の悪い方角とされてきました。この方角が縁起が悪いとされる理由は諸説あるのですが、私の推測では「やませ」も関係あるのではないかと考えています。

東京で「やませ」による北東の風が吹くと、気温が下がって肌寒くなり、低い雲が垂れこめて空は真っ暗、小雨が降ったりやんだりする陰鬱な天気になります。こんな天気が健康によいわけありませんし、気分も滅入り、稲も凶作になってよいことは何もありません。いわば「北東の風」は、気候を悪くする鬼門といえるわけです[*1]。

*1 実際、「夏がなかった」と言われ、全国的に大凶作となってタイ米が流通した1993年の大冷夏も、このやませによるものでした。

05「前線」はどうやってできるの?

梅雨前線、秋雨前線、寒冷前線……。こうした「前線」も私たちの生活にとても身近な存在です。前線の基本形は4つあります。詳しく見ていきましょう。

◎ 前線とは

冷たい空気と暖かい空気がぶつかったらどうなるでしょうか？

小さな容器で実験するとすぐに交じり合ってしまいますが、何百キロ、何千キロという大きさの寒気と暖気のかたまりがぶつかった場合は、そう簡単には交じり合うことができません。数日間から数週間にわたって境目がキープされるのです。この境目を**前線面**と呼び、前線面が地表と交わるところを**前線**と呼びます。

前線は、大きく分けると温暖前線、寒冷前線、停滞前線、閉塞（へいそく）前線の４種類に分けることができます。これらは暖気と寒気がぶつかっていく際に、どちらが強いかで分類します。

1-10　前線面と前線

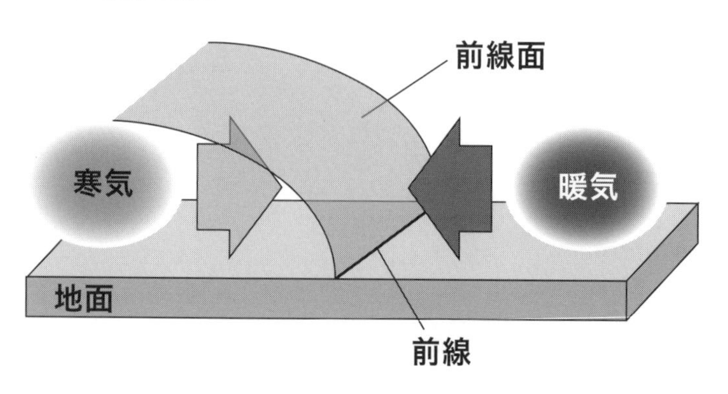

◎ 温暖前線

暖気が強く、暖気が寒気のほうへとぶつかっていく前線を**温暖前線**といいます。

温暖前線では、寒気の上に暖気がゆるやかに上昇していくため、**乱層雲**が発生します。**広い範囲で長時間、雨や雪が降りますが、降り方はそれほど強くない**のがふつうです。

1-11 温暖前線

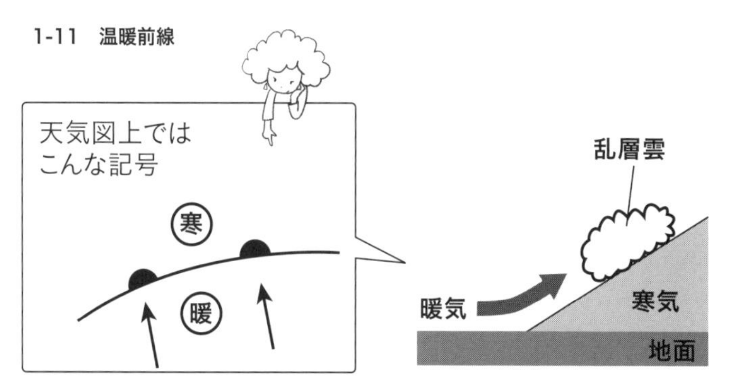

暖気が強く、暖気が寒気の上を緩やかに上昇
乱層雲が発生し、広い範囲でおだやかな長雨が降る

◎ 寒冷前線

温暖前線とは反対に、寒気のほうが強く、寒気が暖気のほうへとぶつかっていくのが**寒冷前線**です。

寒冷前線では、寒気が暖気の下にもぐり込み、暖気を無理やり押し上げる（蹴り上げる）ようなイメージです。急激な上昇気流が起こり、**積乱雲**が発生します。**はげしい雨や雪が降りやすく、ときには雷やヒョウ、突風、竜巻をともないます**。ただ、これらが起こる時間は短く、範囲も狭い傾向にあります。

1-12　寒冷前線

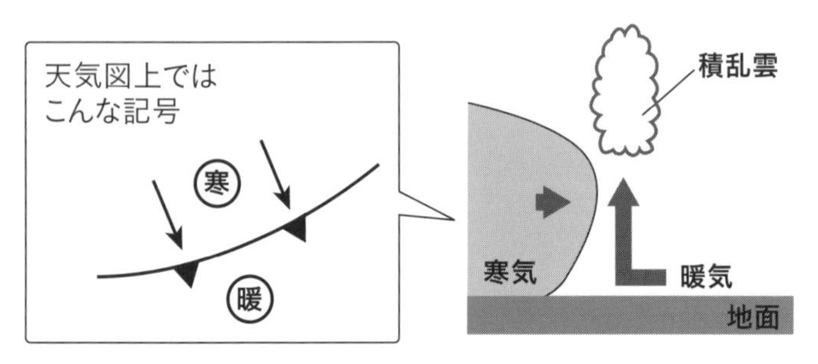

寒気が強く、寒気が暖気の下にもぐり込む
積乱雲が発生し、狭い範囲で激しい雨が短時間降る

◎ 停滞前線

一方で、どちらも同じくらいの力でぶつかっているものを**停滞前線**と呼びます。ちょうど同じ力でおしくらまんじゅうをしているような状態とイメージしたらよいでしょう。この停滞前線の仲間が「梅雨前線」です[*1]。

*1　ただ梅雨前線は、東日本では暖気と寒気がぶつかり合ってできますが、西日本では湿った暖気と大陸からの乾いた暖気がぶつかり合う構造になっています（これを「水蒸気前線」といいます）。詳しくは第3章で説明します。

1-13 停滞前線

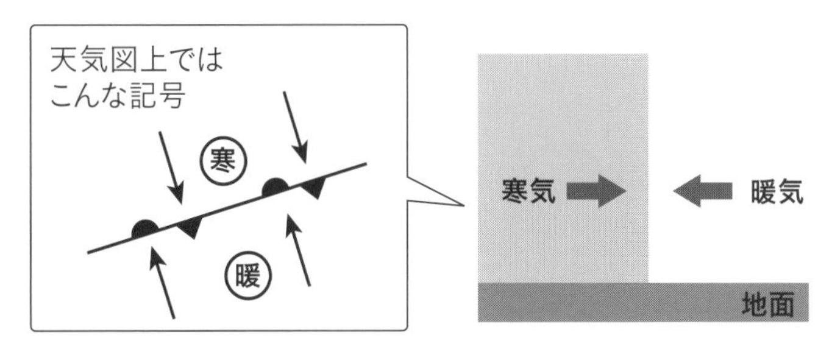

暖気と寒気が同じくらいの強さでぶつかっている

◎ 閉塞(へいそく)前線

北半球では低気圧は反時計周りのうず巻きになります。つまり、低気圧の右側は南から暖気が入り「温暖前線」が形成され、左手には北から寒気が入って「寒冷前線」が形成されるのです。

このとき、**寒冷前線は温暖前線より速度が速い**ので、時計の長針と短針のように、やがて温暖前線に追いついてしまいます。この追いついた部分が**閉塞前線**と呼ばれる前線です。

◎ 実際は個性豊か

と、ここまで前線を4種類に分けたものの、実際の前線は個性豊かです。

たとえば温暖前線でも、赤道由来の非常に湿った空気（赤道気団）が暖気の役割を果たしているときには「はげしい雨」が降りますし、寒冷前線が通過しても、雲が少し増えるくらいで雨も降らずに終わってしまうこともあるのです。

1-14　閉塞前線

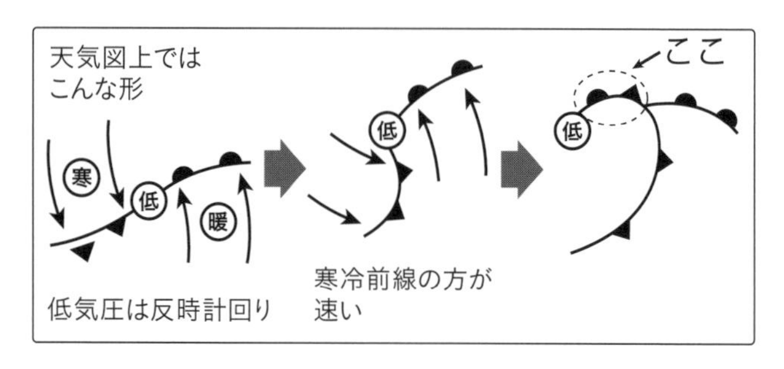

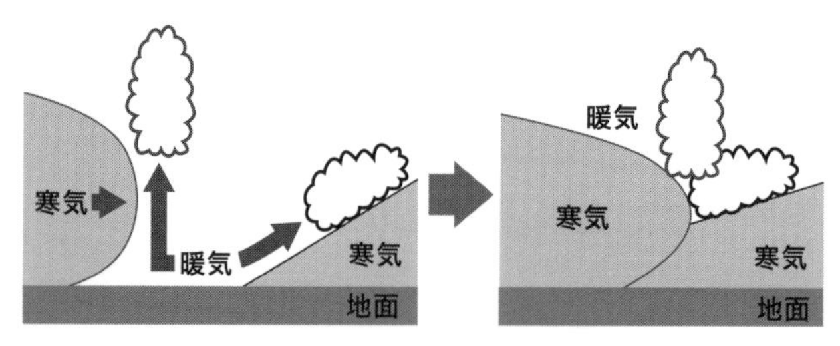

温暖前線と寒冷前線が重なるイメージです

06 熱帯低気圧と温帯低気圧のちがいって何？

温帯低気圧、熱帯低気圧、南岸低気圧、爆弾低気圧……。「低気圧」にはじつにさまざまな種類があるのだなと思ってしまいますね。この中には、正式な気象用語とそうでないものがあります。

◎ 熱帯低気圧と温帯低気圧

さまざまある「低気圧」のうち、まずはその発生場所による分類から見ていきましょう。

地球は、赤道から極地に向かって気温が徐々に下がっていきます。なかでも、急激に温度が変わるところ（暖気と寒気がぶつかるところ）があり、この場所を**前線帯**と呼んでいます。

この**前線帯より南で発生する低気圧が「熱帯低気圧」**です。

また、この熱帯低気圧のうち、発達をして最大風速が17.2メートル以上に達したものが「台風」です。

熱帯低気圧は暖気のみでできた渦巻きなので、ふつうは前線をともないません。

一方で、**前線帯付近で発生するのが「温帯低気圧」**です。日本で単に「低気圧」と呼んでいるのは、この温帯低気圧のことです。

前線帯は暖気と寒気がぶつかり合うエリアなので、前項でお話したように、通常は前線をともないます。

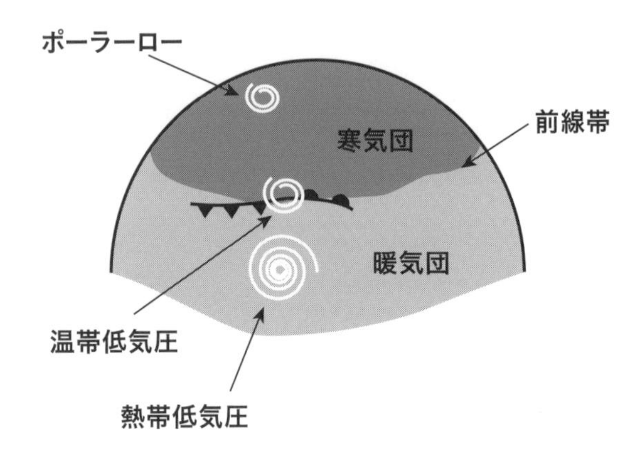

◎ 南岸低気圧とポーラーロー

温帯低気圧のうち、台湾付近で発生し、日本の南を北東進する低気圧をとくに**「南岸低気圧」**と呼びます。

南岸低気圧は、北から冷たい空気を巻きこむため、ふだん雪の少ない太平洋側にも大雪をもたらすことがあります。関東地方に住む方にとってはなじみ深い低気圧といってよいでしょう。

さらに、前線帯より北の寒気団の中で発生するものは**「ポーラーロー」**とか、「寒帯気団低気圧」「極気団低気圧」などと呼ばれます。こちらはあまり聞きなれない低気圧かもしれません。マスコミでは温帯低気圧と同様、単に低気圧と呼ぶことがほとんどだからです。しかしこのポーラーローは、台風と似た構造で、冬季に集中豪雪の原因になったり、雷や突風、竜巻などを起こしたりするため、警戒が必要な低気圧でもあります*1。

◎ 爆弾低気圧

また発生場所ではなく、発達具合によって低気圧に名前を与えることもあります。温帯低気圧のうち、とりわけ急激に発達するものを**「爆弾低気圧」**と呼びます。

マスコミではよく使われている用語ですが、いささかキナ臭い名称でもあるためか、気象庁は「急速に発達する低気圧」と言い換えています。

1-16 爆弾低気圧

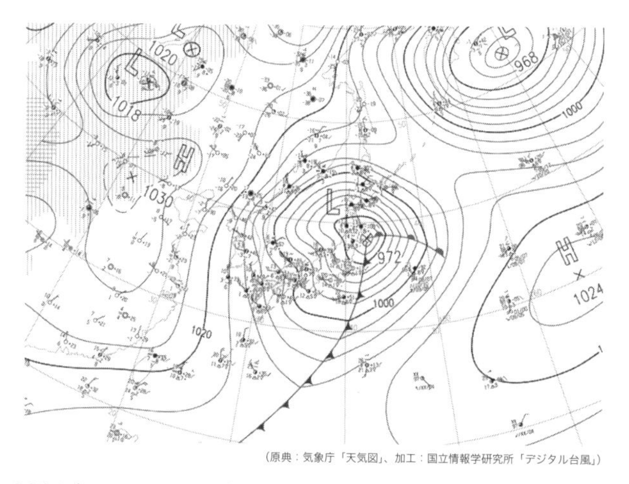

（原典：気象庁「天気図」、加工：国立情報学研究所「デジタル台風」）

2004年12月5日、各地に猛烈な風をもたらした爆弾低気圧。千葉市で最大瞬間風速47.8m/sを記録した

*1 2000年2月8日には、ポーラーローにより雪の少ない関東各地でも雷をともなう雪が降り、水戸で17センチの積雪を観測しています。

07 なぜ「夕焼けの翌日は晴れ」なの？

風にもいろいろな種類があります。地球規模で吹く風や、海から陸に吹く風などがあります。ポイントは、「風は気圧の高いところから、低いほうへ吹く」ということです。

◎ 貿易風

地球全体うち、一番暑いのは赤道付近です。この赤道付近の暑いところでは、空気が薄くなりがちで、低気圧が発生しやすくなります。

赤道付近は地球を取り巻くように気圧が低くなっている「低圧帯」になっており、**赤道低圧帯**とか**熱帯収束帯（ITCZ）**と呼ばれます。赤道低圧帯では、積乱雲がひっきりなしに発生し、にわか雨や雷雨が頻発します。俗にいう**スコール**[*1]です。この地域は降水量に恵まれており、熱帯多雨林が発達しています。

赤道低圧帯で上昇した空気は、北緯南緯それぞれ20～30度付近で下降します。このあたりが**亜熱帯高圧帯**です。亜熱帯高圧帯では雲が発生しにくく、降水量は少なく、砂漠が広がりやすくなります。

ところで風は、気圧が高いところから低いところへ向かって服とお伝えしましたね。つまり低緯度では、気圧の高い（空気の濃い）

*1　厳密には、スコールとは「突然の強い風」の意味です。

亜熱帯高圧帯から、気圧の低い（空気の薄い）赤道低圧帯に向かって恒常的に風が吹いており、これを**貿易風**[*2]と呼びます。北半球では北から南に吹こうとしますが、地球が自転している影響で、風向は北東になります。

1-17 貿易風と偏西風

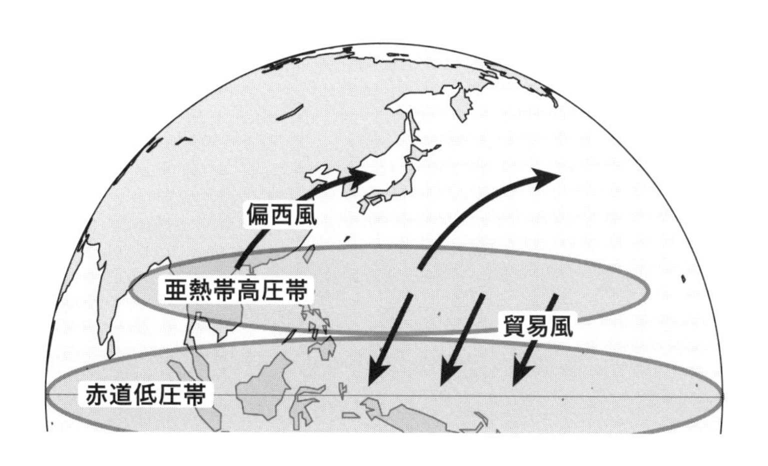

◎ 偏西風

また亜熱帯高圧帯からは、相対的に気圧が低い高緯度方向へも風が吹きます。これが**偏西風**です。偏西風は南から北へと吹こうとしますが、地球が自転している影響で西風となります。

日本付近の上空は偏西風が吹いており、とくに強いところを**ジ**

*2 「貿易風」は、地球上でもっとも変化せず、穏やかに吹く風です。常に一方向から吹くため、かつて貿易航海の帆船が一定の海路をとれることからこの名がつけられたといわれています。

ェット気流と呼びます。この風は毎秒100メートル、時速になおすと300キロを超えて吹き、新幹線並みのスピードです。低気圧や高気圧もこの偏西風に乗って動いていくために、天気は西から東へと変わっていきます。

飛行機でアメリカなど東方面へ渡航するときに、行きと帰りで所要時間が異なりますが、これは偏西風に乗るか逆らうかというちがいがあるためです。

また、俗に「夕焼けの翌日は晴れ」と言われます。これは夕焼けが見える西の方角にずっと雲がないことから、偏西風に乗ってやってくる雲がないことを意味し、そのために「晴れる」ことを言い表しているのです。

◎ 海陸風（かいりくふう）

今度は、陸地と海（海水）で考えてみましょう。

水の大きな特徴は、温まりにくく冷めにくいことです。日が昇るとやがて陸地は暖まっていきますが、海はなかなか温まりません。つまり日中は、相対的に海が冷たく、陸地が暖かいという温度分布になります。

風は気圧が高いほうから低いほうへ吹きますので、暖められた陸地（低気圧）に向かって、相対的に気圧が高い（冷えたままの）海から風が吹くことになります。これが**海風**と呼ばれるものです。

反対に夜になると、陸地はどんどん冷えていきますが、海はなかなか冷えません。相対的に陸地が冷たく（高気圧）、海が温かい（低気圧）ことで、風は陸から海へと吹きます。これが**陸風**です。

天気予報をよく聞いていると、東京の穏やかな日の風向は「北の風、日中は南の風」、新潟だと「南の風、日中は北の風」といった発表が多いことに気づくでしょう。これはまさに、海陸風の影響を受けていることを示しているのです。

ただし、台風などが近づいていたり、雲が広がって日差しがなかったりすると、海陸風は目立たなくなります。

1-18 海風と陸風

昼

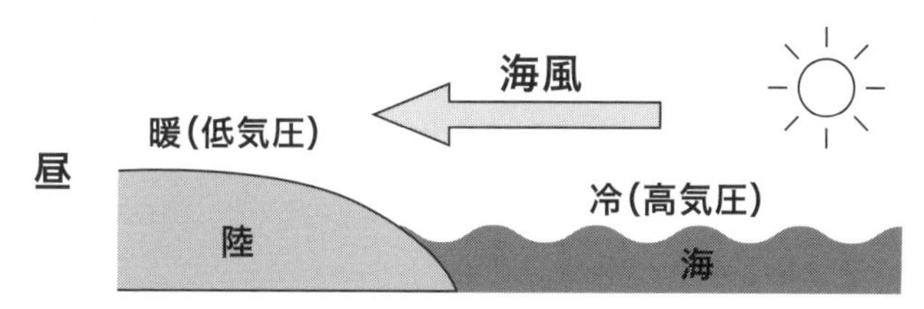

昼間は陸地が暖められるため、相対的に海より気圧が下がる。そのため、冷たい（高気圧）海から風が吹きこむ

夜

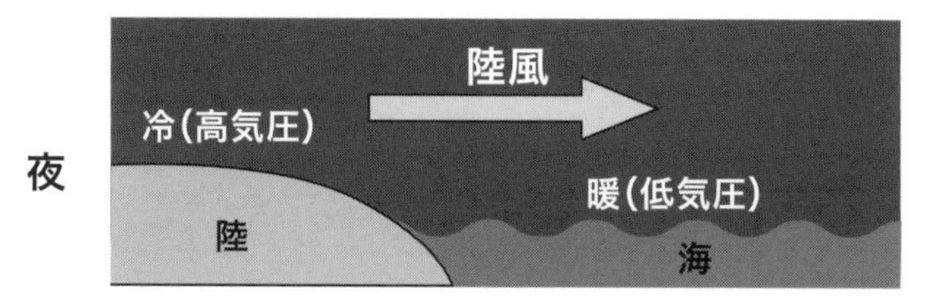

夜間は陸地が冷えるため、相対的に海より気圧が上がる。そのため、温かい（低気圧）海へと風が吹きこむ

◎ 季節風

海陸風と同じ理屈で考えることができるのが**季節風**です。

海陸風は比較的小さなスケールで考えましたが、季節風はもっともっと大きなスケールで考え、「大陸と太平洋」で考えます。このスケールで見てしまえば、日本列島も、無視できるほど小さな島に過ぎません。

夏になると、大陸はどんどん暖まりますが、太平洋上はなかなか暖まりません。つまり大陸が低気圧、太平洋が高気圧となり、太平洋から大陸方向へと南東の季節風が吹くことになります。

反対に冬になると、大陸はきんきんに冷えますが、太平洋上はなかなか冷えません。つまり大陸が高気圧、太平洋が低気圧となるために、大陸から太平洋へと北西の季節風が吹くのです。

1-19 季節風

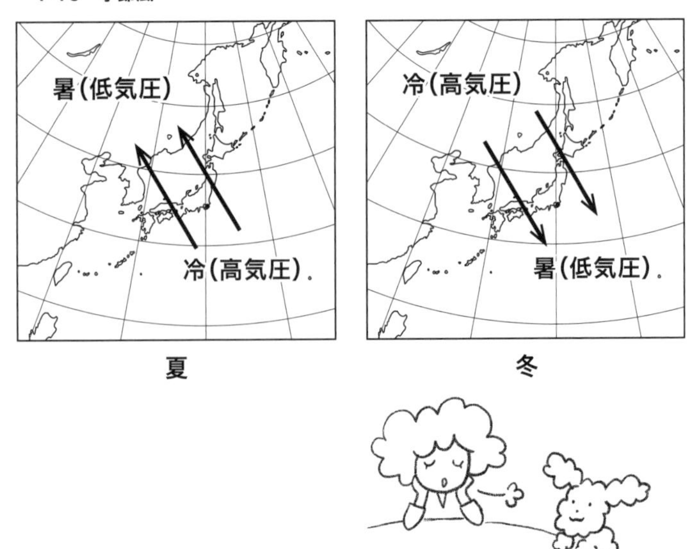

08 空は8割雲でおおわれていても「晴れ」になる？

みなさんは「晴れ」とは何か、説明できるでしょうか？　晴れと曇りの境目はわかりづらいですよね。また、カラッと晴れた気持ちのよい「晴れ」や、蒸し暑くて不快な「晴れ」もあります。

◎「晴れ」の定義

「晴れ」の気象学的な定義は、「雲量が２～８のとき」と説明されます。空全体を10とし、10のうちどれだけ雲がおおっているかを表すのが雲量（うんりょう）です。つまり、**空の20～80%が雲でおおわれている場合を「晴れ」**と呼ぶのです。たとえ太陽が雲に隠れていても、それとは関係なく「晴れ」と呼ぶということです。

雲がもっと少なくて雲量が０～１のときには**快晴**、９～10のときを**曇り**（降水や雷電などがない場合）といいます。

1-20　快晴、晴れ、曇りのちがい

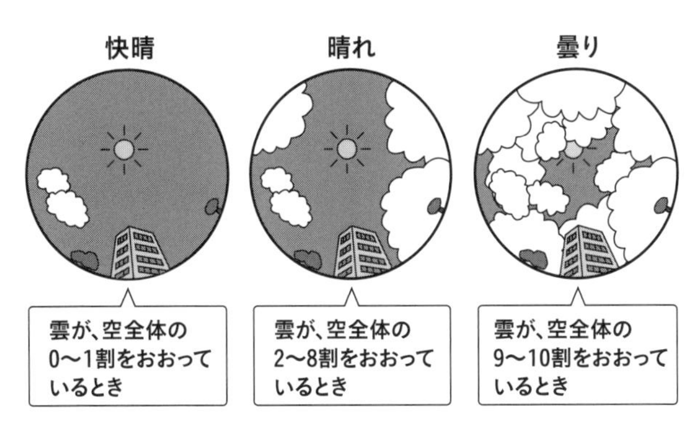

雲量は予報官が空を見上げ、空を10等分し
目測（目分量）で観測しています

◎「晴れ」と不快指数

一口に晴れといっても、25℃でさわやかに感じることもあれば、蒸し暑く感じることもあるでしょう。これには「湿度」が大きく影響しています。同じ気温であれば、湿度が高いほど体感温度は暑くなります。

湿度が低いと、汗がどんどん蒸発します。そのときに気化熱[*1]をうばって皮ふが冷やされるので、体感温度は下がるのです。逆に湿度が高いと、汗がなかなか蒸発できず、ベタベタ・ジトジト感じます。このような体感温度を表現したのが**不快指数**です。

どのくらいの数字で不快を感じるかは人種などでも異なるようですが、日本人の場合は下図のようになります。

1-21　不快指数

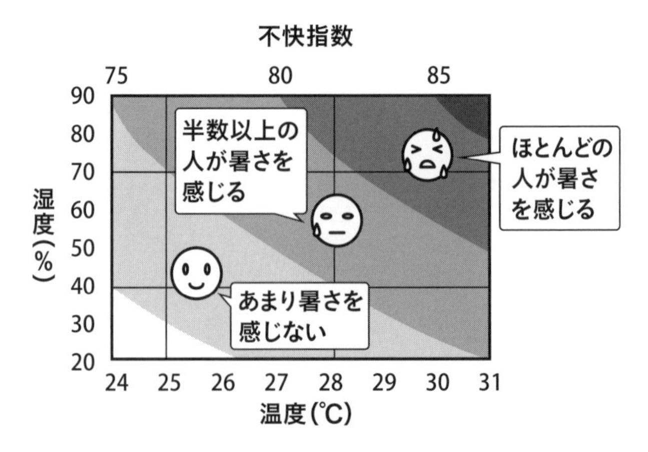

気温が30℃を超えはじめると不快指数が80以上になる割合も高くなります

*1　気化熱とは、液体が気体になるときに周囲からうばう熱のことです。液体が蒸発するためには熱が必要で、その熱は液体が接しているものからうばいます。いつまでも濡れた体でいると風邪を引くのは、気化熱によって体温がうばわれるからです。

日本は海に囲まれているため、湿度が高く、真夏は30℃を超えて湿度が60～70％です。気温と湿度の兼ね合い（熱帯夜、風なども考慮）により、東京の夏の暑さは世界トップクラスとなります。一方ラスベガスなどは40℃くらいになる日もありますが、砂漠都市で湿度が低く、体感的な暑さは想像するほどではありません。

◎冷房と除湿のちがいとは？

湿度が高く暑い日にエアコンは必須ですね。ところでエアコンには、空気を冷やす（気温を下げる）「冷房」と、湿度を下げる「除湿」があります。この2つは何がちがうのでしょうか。

冷房は、暑い部屋から熱を追い出し、温度を下げることですずしくする機能です。

一方で**除湿**は、部屋から水分をとりのぞき、湿度を下げる機能です。空気中の水分を吸いこみ、熱交換器で熱をうばって湿度を下げます[*2]。除湿にはさらに、「弱冷房除湿（ドライ）」と「再熱除湿」があります。

弱冷房除湿はジメジメした空気の熱をうばい、そうすることで水分をうばってサラサラの空気を戻します。そのため少し温度も下がることになります（冷房に比べて電気代は少なくて済みます）。

一方で再熱除湿は、部屋にサラサラの空気を戻す際に、空気を暖めなおします。そのため少し電気代はかかりますが、あまり暑くない梅雨時にはちょうどよい機能でしょう。

ぜひ上手に使い分けたいものですね。

*2　空気には「蓄えられる水分量」が決まっていて、これは気温によって変化します。気温が高くなると空気中に蓄えられる水分量も多くなり、反対に気温が下がると蓄えられる水分量も減ります。気温の変化で水分量が減った分は水滴となって出てきます。夏の暑い日にコップのまわりにつく水滴がそれです。

09「気温」はどうやって決まるの?

毎日の天気予報で発表される「最低気温」と「最高気温」はどのように測定されるか、ご存じでしょうか。注意事項とあわせて見ていきましょう。

◎ 気温とは

「気温」とは、大気の温度のことをいいます。**地上約 1.5 メートルの日陰で測定する**のが一般的ですから、だいたい大人の目線くらいの高さで測ることになります。

気温 38℃といった「猛暑日」のときは注意が必要です。なぜなら**日なたの地表付近ではもっともっと高温になっている**からです。このため、幼児やペットはとくに熱中症に注意しなければいけません。

気温の単位は、日本では**摂氏**(せっし)(セルシウス度[*1]、℃)を用います。摂氏は、水が凍るとき(凝固点)を 0℃、水が沸騰するとき(沸点)を 100℃とし、そのあいだを 100 等分して表します。

この摂氏に対して、アメリカなどの一部では**華氏**(かし)(ファーレンハイト度[*2]、℉)を使っています。華氏は、水が凍るときを 32℉、沸騰するときを 212℉とし、そのあいだを 180 等分して表します。1℉の温度差は 0.556℃で、30℃は 86℉に相当します。

*1 摂氏(セルシウス度)は、考案者であるアンデルス・セルシウス(1701-1744)の中国名「摂爾修」の頭文字に由来。多くの国では摂氏を採用しています。

*2 華氏(ファーレンハイト度)は、考案者であるガブリエル・ファーレンハイト(1686-1736)の中国名「華倫海特」の頭文字に由来。アメリカやイギリス、ジャマイカなどの一部の国で採用されている表記法です。

1-22 摂氏と華氏

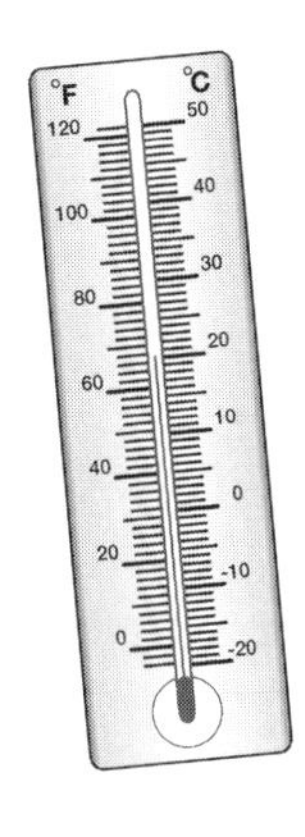

英語圏の気温°Fを℃に“ざっくり”変換する方法

華氏から30を引いて2で割る

【華氏】		【摂氏】	
212°F		100℃	← 水が沸騰
100°F (100−30)÷2=35	➡	35℃	
50°F (50−30)÷2=10	➡	10℃	
32°F		0℃	← 水が凍る
10°F (10−30)÷2=−10	➡	−10℃	
0°F		−15℃	

◎ 温度とは

「気温」と似た言葉に、「温度」があります。温度とはそもそも何なのでしょうか。それは、分子がどれくらい振動したり、動き回ったりしているか（熱エネルギーの量）を表したものです。

たとえば、寒いときには空気の分子運動は不活発ですが、暑いときには活発に運動しています。この**「分子運動の活発さ＝熱エネルギーの量」が温度**なのです。

では、温度の下限はどこにあるのでしょうか。

うんと温度が下がれば（寒くなれば）、理論上「運動量がゼロに」なります。これを**絶対零度（−273.15℃）**といいます。人類は絶対零度を実現できていませんが、これが温度の下限といわれています。

では温度の上限はどうでしょうか。これはまだ明確にはわかっていないようです。理論上は1億℃でも1兆℃でもあり得ることになりますが、宇宙史上最高の温度は、ビッグバンのときの10の32乗℃くらいだろうといわれています。

◎ 百葉箱と温度計

小学校などには「百葉箱」と呼ばれる白い箱がよく設置してあります。これは鳥の巣箱を大きくしたような白い箱で、外側は日光を反射するように白く塗られ、風通しをよくするためによろい戸をもうけるなどの工夫が施されています[*3]。

1874年にイギリスから導入された百葉箱は、日の光や雨風から温度計などの観測機器を守る役割を果たしていました。

しかし気象庁では、1993年に百葉箱を使用した観測を廃止し、今では強制通風筒に入れられた「白金(はっきん)抵抗温度計」を使用するようになりました。

1-23 百葉箱

白金はプラチナとも呼ばれ、腐食しにくく、温度によって自身の電気抵抗の値が変化する特性を利用したものになっています。

*3 よろい戸は雨や直射日光もさえぎるため、気温の観測を厳密におこなうことができるすぐれものです。地面からの照り返しや雨粒がはねることを防ぐため、周りには芝が植えられ、扉は北向きに開くようにして直射日光が入らない工夫もされています。

10 なぜ「大気の状態が不安定」になるの？

天気予報で「大気の状態が不安定になっています。はげしい雨や落雷、突風に警戒してください」と呼びかけていることがありますね。ところで、大気はどうして不安定になるのでしょうか。

◎ 安定と不安定

「安定」という言葉は、日常会話では「安定した仕事」「成績が安定している」「情緒が安定している」といった言い方で使われます。つまり「安定」とは、状況が変化しにくい、なかなか動かないことをいい、反対に「不安定」とは、いつ状況が変わるかわからない状態のことをいいます。

ダルマにたとえるとわかりやすいでしょう。正しい向きに置いたダルマは、ちょっとやそっとではひっくり返らず、元の向きに戻ろうとします。これが「安定」です。しかし、ダルマをさかさまに置くと、即座にひっくり返ろうとし、一時もじっとしていません。これが「不安定」です。

大気に関してもまったく同じです。正しい向きで置かれたダルマのように、じっとしていて上下方向には動きにくいのが「安定」です。もし雲ができるとしても、上下には動きにくいので、平たく広がるようにして層状の雲が発達します。そして、平たい雲から広い範囲に均等にシトシト雨を降らせます。

一方、さかさまにダルマを置いたときのように、**「上下に動き**

たくてたまらない」という状態が「不安定」です。こうなると雲は、鉛直方向にモクモクと発達します。そして、比較的狭い範囲にはげしい雨を降らせます。このため、天気が急激に不安定になり、にわか雨や雷雨のリスクが高まるのです。

1-24　安定のダルマ、不安定のダルマ

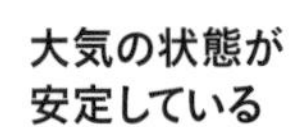

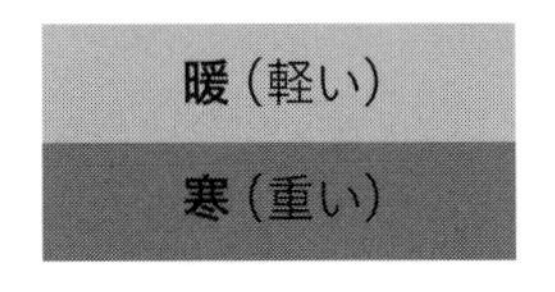

大気の状態が
不安定

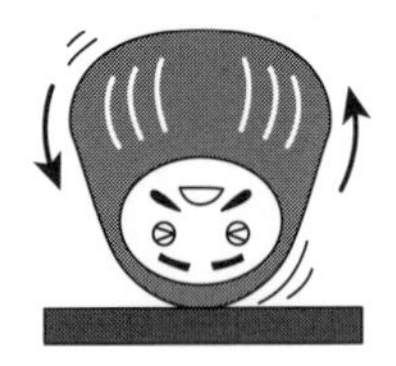

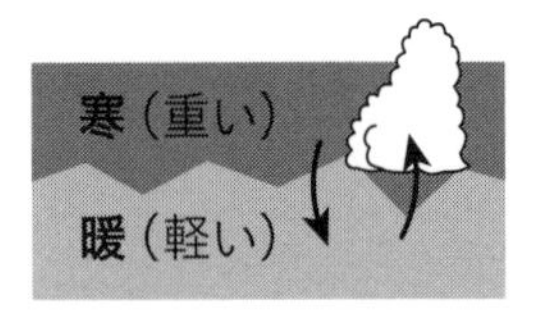

◎「不安定」になる原理

では具体的に、大気はどういうときに安定で、どういうときに不安定なのでしょうか。

ダルマを安定させるのに重さを調整するように、空気でも「重さ」がポイントになります。

空気には**暖かいと軽い、冷たいと重い**という性質があります。ですから、地表に冷たい（重い）空気、上空に暖かい（軽い）空気があるときには、そのまま動かないので安定です。反対に、上空に冷たい（重い）空気、地上に暖かい（軽い）空気があると、不安定になります。

1-25 空気は暖かいと軽く、冷たいと重くなる

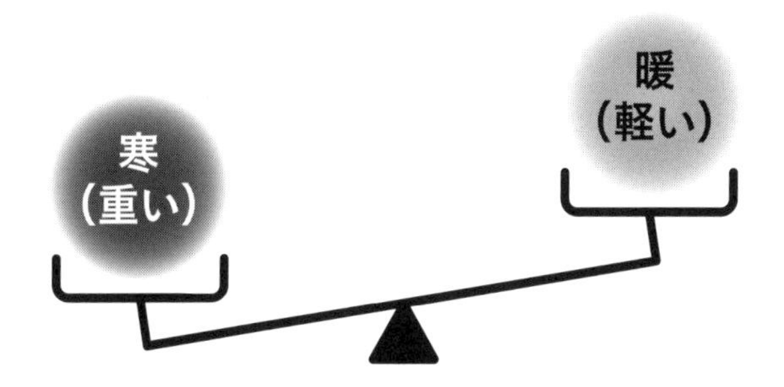

つまり**大気の状態が不安定になるときは、上空に強い寒気が入るか、地表に強い暖気が入ったとき**ということになります。

たとえば夏の午後に雷雨が多いのは、強い日差しで地表が高温になる一方、上空には冷たい空気が流れ込みやすいためです。

ちなみに、「大気の状態がどれくらい不安定か」の度合いは、主にSSI（ショワルター安定指数）という物理量で見積もります。SSIがプラスだと安定、マイナスだと不安定となります[*1]。

*1 定量的なイメージとしては、SSIがプラス3を下回るとにわか雨の可能性があります。0を下回ると発雷のおそれ、マイナス3を下回ると激しく発雷することが多いようです。さらにマイナス6を下回ると、トルネード（巨大竜巻）の発生に適する、という報告もあります。

Column

コラム

1 なぜ天気が悪くなると体調が悪化するの?

天気が崩れると、頭痛や関節痛になるという方が少なくありません。これは気圧が関係していると考えられています。私たちの体が気圧の変化に敏感に反応しているのです。

体調不良は気圧が上がるときより、気圧が下がるときによく起こります。これは「気圧が下がる＝外から押す力が弱くなる」からだと考えられます。外から押す力が弱くなると血管が膨張し、「炎症を起こした」状態に似るからです。

そもそも炎症とは、血管を膨張させて白血球[*1]を含む血液を集め、細菌やウイルスなどと戦う体制ができることです。具体的には、「腫(は)れた」と感じる状態です[*2]。

また、片頭痛のはげしい痛みも、頭の血管が膨張して神経が圧迫されることで起こります。

気圧が下がると、これらの状態に似ることになるわけです。

*1 白血球は体内に侵入した異物（細菌やウイルスなど）や感染した細胞、ガン細胞などを除去する細胞。好中球、マクロファージ、樹状細胞、ナチュラルキラー細胞など、種類が非常に多い。

*2 集まった白血球は血管外遊走して、感染した組織へと向かい、異物と戦います。異物と戦った結果、戦死してしまった白血球が「膿み」。たとえば風邪を引いたときにつらいのは、体が異物を排除しようとして、この「炎症状態」になるからです。

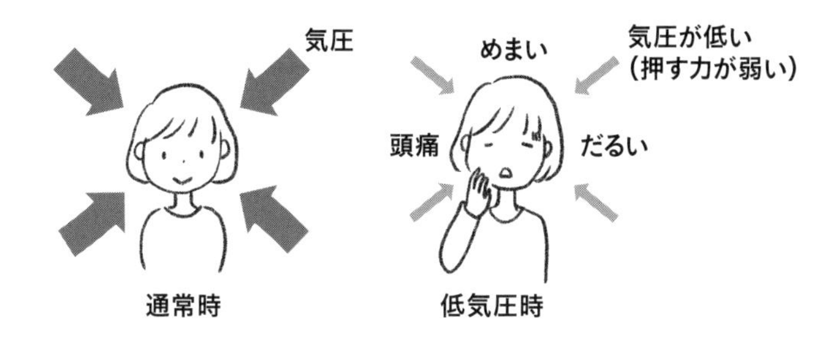

血管の膨張、収縮という面では、気温も関係します。暑いときには熱を逃がそうとして血管は膨張します。暖かい部屋に入ると、顔が赤っぽくなるのはこのためです。

反対に寒くなると、熱を逃がさないように血管が収縮します。冬場など、風呂場やトイレで倒れる人が多いのは、急激に血管が縮むことで血管が詰まったり（心筋梗塞（こうそく）、脳梗塞）、血管が破裂したり（脳出血、くも膜下出血）しやすいためです。

これらは「ヒートショック」と呼ばれますが、ヒートショックを防ぐためには、風呂の脱衣所も暖房で暖める、入浴前に浴槽の蓋（ふた）を開けて、浴室の温度を上げるようにするなどの工夫をするとよいでしょう。

第２章
『雲・雨・雪』
を学ぼう

11 雲の正体は「水蒸気」ではない?

ふだん当たり前のように目にする雲ですが、「雲＝水蒸気」と思っている方も少なくないようです。たしかにもともとは水蒸気ですが、そのままでは肉眼で見ることはできません。

◎ 水蒸気は目に見えない

雲は、氷、液体の水、水蒸気のうちどれでしょうか？　生徒にもよく質問するのですが、「水蒸気」という答えが多いようです。じつは**水蒸気は目に見えません**[*1]。それなのに見えているということは、雲は水蒸気ではないことになります。

雲の正体は、ずばり**上空に浮かんでいる水滴や氷の粒（氷晶）**なのです。雲が浮かんでいるところの気温によって、水か氷かが異なることになります。

みなさんは濃い霧を見たことがあるでしょうか。霧は、地表付近に小さな水滴が浮遊し、視界が悪くなる気象現象です。この霧と同じ現象が、上空に発生しているのが「雲」と考えてよいでしょう。ちなみに、非常に低温下だと霧は固まります。この**「固体の霧」がダイヤモンドダスト**です（詳しくは p,075 参照）。

◎ 雲の原理

雲が発生するためには、p,012 で述べた上昇気流が必須です。上昇気流によって地上の空気が上空に持ち上げられると、気圧が

*1　水蒸気は水が気体になったもの（固体になったものは氷）で、目には見えません。気温によって、空気中に含むことができる水蒸気の量が決まっており、高温になるほど多くの水蒸気を含むことができます。

下がり、空気は膨張します。

このとき、空気の体積が膨張することでエネルギーを消費し、そのために気温が下がるのです。

気温が下がると、空気中に含むことができる水蒸気の量（飽和水蒸気量*2）が小さくなり、空気中の水蒸気が水滴（すいてき）、または氷晶（ひょうしょう）としてはき出されます。

これが私たちが目にする「雲」というわけです。

2-1　目に見える「雲」はこうして生まれる

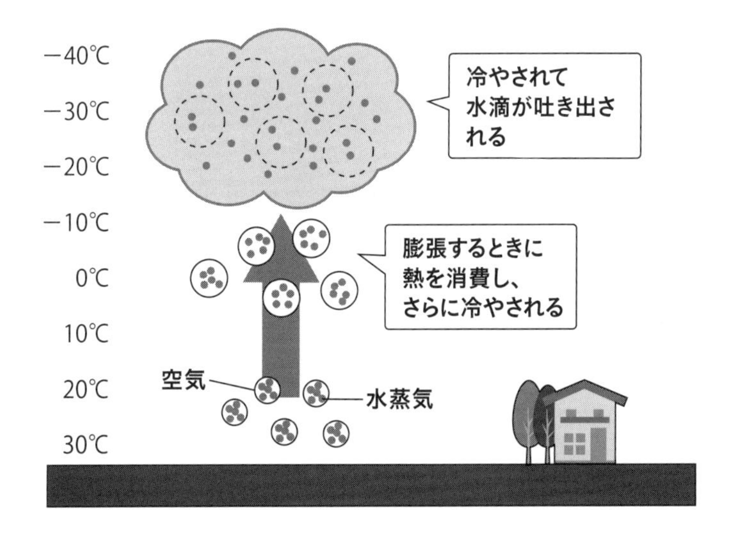

*2　飽和水蒸気量とは、空気１㎥（立方メートル）中に含むことができる最大の水蒸気量のこと。20℃で約17ｇ、30℃で約30ｇです。

◎ 炭酸飲料と雲

雲が発生する原理と同じことは、私たちの身近でも観察することができます。それが、炭酸飲料のペットボトルです。

炭酸飲料は蓋を空けるときに、「プシュッ」という音とともに白い煙のようなものが出ますね。

このとき、ペットボトル内の空気の体積は一気に膨張しています。そのために気温が下がることで、目に見えなかった水蒸気が水滴に変わるのです。白い煙のようなものが出るのはそのためだったというわけです。

炭酸飲料の蓋を開けるときに「雲」が発生していたなんて、なんだか驚きですよね。

12 雲の大きさや形はどうやって決まるの？

雲は千差万別、本当にさまざまな種類があります。綿菓子のような雲もあれば、筆でサラリと書いたような雲、白い雲に黒い雲、同じものはひとつとしてありません。

◎ 上昇気流と雲の種類

前項で、雲は上昇気流によって生まれる、とお話しましたが、なぜここまで個性に富んだ雲が生まれるのでしょうか。

それは**上昇気流の強さや向き、高さのちがい**です。

鉛直方向に強い上昇気流が起こればモコモコと塔のようにそびえたつ積乱雲ができますし、エスカレーターのように緩やかな角度で上昇すれば、サラリとした薄い雲が広がります。

2-2 風と雲

いろいろな上昇気流と、さまざまな雲

地表付近の高温多湿の空気が持ち上げられれば、大量の水分がはき出されるので厚みのある雲ができます。

上空7000メートルの空気が上空1万メートルに持ち上げられた場合はどうでしょうか。この場合、上空7000メートルの空気は大変低温で水蒸気量も少ないですから、はき出される水分もわずかで薄い雲しかできません。

◎十種雲形

心理学や占いでは、多くの人を、しばしばいくつかのタイプに分けますね。雲の場合も同様で、無数の個性を持つ雲を10種類に分類します。これを十種雲形（じゅっしゅうんけい）といいます。さらに、ここにいくつかの変種や亜種を加えていくわけです。*1

2-3 雲の種類

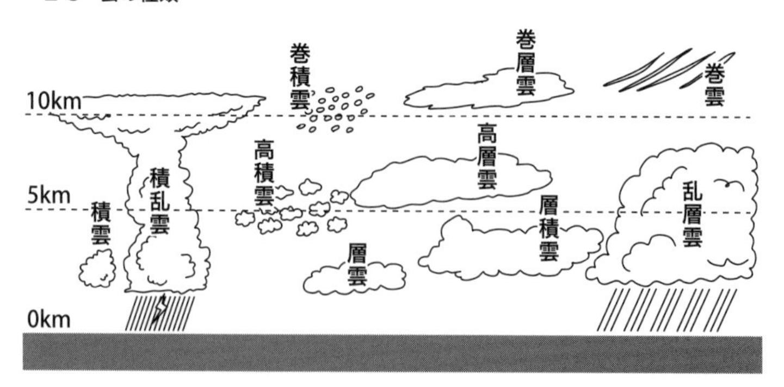

上層雲……巻雲、巻積雲、巻層雲
中層雲……高積雲、高層雲
下層雲……層雲、層積雲、乱層雲
対流雲……積雲、積乱雲

*1 よく「白い雲と黒い雲はどうちがうの？」という質問を受けることがありますが、両者のちがいは「雲の厚さ」にあります。薄い雲は、太陽の光が透けるので白や明るい灰色に見えます。一方厚い雲は、太陽光を完全に遮断するので、暗い灰色に見えるのです。

13 へんてこな雲はどうやってできるの？

前項では、風（気流）によって雲のでき方が変わることと、十種ある雲の基本形についてお伝えしました。でもみなさんの印象に残る雲は、もっと不思議な形をしている雲かもしれません。

◎ 不思議な雲

ときには、空にも意思があるのではないかと思ってしまうような、不思議な雲を見かけることがありますね。

たとえば**つるし雲**は、富士山のような孤立した高い山があるとよくできる雲です。山によって波が形成されたり、吹いてくる風が山によって2つに割れ、山の風下側でふたたび合流するときに上昇気流を生じるからできるのだと考えられています。

2-4 つるし雲のでき方

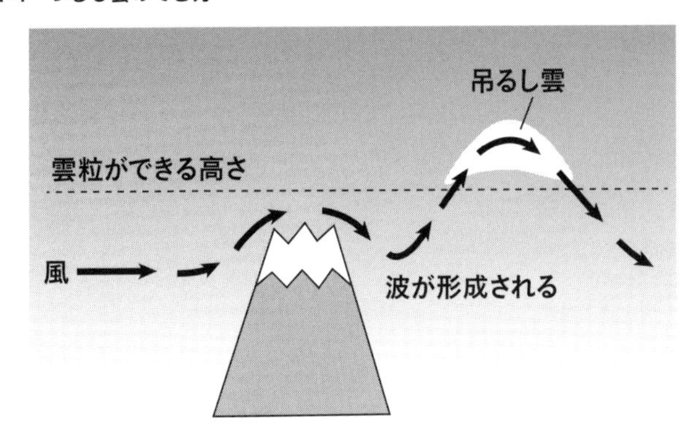

飛行機雲は、飛行機のあとを追うようにできる雲で、日常でもよく見かけます。これは飛行機のプロペラなどによって空気が急膨張し冷やされることで、空気中の水滴がはき出されたり、飛行機から排出される微粒子が、水滴を生成する「核」となることで、もともと低温多湿だったところの雲発生を助けたりするためです。飛行機雲ができるということは、上空が多湿になっている証拠でもあり、観天望気（かんてんぼうき）[*1]の立場では、天気が崩れる兆しとされます。

2-5　飛行機雲

筆者撮影

2-6　傘雲・レンズ雲

miiko / PIXTA（ピクスタ）

*1　観天望気とは、気象や天体の動きなどの自然現象や、生物の行動変化などから、天気を予想すること。詳しくはp,188で説明します。

傘雲[*2]は、山が傘をかぶったように現れる雲です。山にぶつかった風が山に沿って上昇するために、このような雲ができるのです。

レンズ雲はよくUFOとまちがえられる雲で、強風のときに見られます。このレンズ雲が山のてっぺんにできたものが傘雲です。

また、ライン状の雲が数本、ある1点から噴出しているように見える雲が出ることがあり、これは**地震雲**[*3]にまちがわれます。平行な線が数本並んでいると、遠くのほうで一点に交わって見えるのですが、じつはこれ、とくに不思議な現象ではないのです。絵画などを描かれる方は、「一点透視」というテクニックを使いますが、まさにあれです。

2-7 地震雲もどき

筆者撮影

2-8 ずきん雲

筆者撮影

*2 「笠雲」ともいいます。
*3 地震雲とは、大きな地震の前後で現れるとされる雲ですが、科学的には認められていません。

積乱雲がきっかけとなって、不思議な雲ができることもあります。成長中の積乱雲が、湿った空気でできた層にぶつかると、積乱雲の頭にベールをかぶったような**ずきん雲**ができます。

積乱雲は無限の高さまで発達できるのではありません。「成長はここまで」という天井[*4]のようなものが存在します（対流圏界面）。積乱雲が最大限まで発達し、この「天井」にぶつかると、今度は水平に広がるようになります。これが**かなとこ雲**と呼ばれます。最近はあまり見かけることがなくなってしまいましたが､鍛冶屋が使う「かなとこ」に形が似ているために、今でもこの名前で呼ばれます。

2-9　かなとこ雲

筆者撮影

2-10　乳房雲

筆者撮影

積乱雲に付随する雲としては、**乳房（ちぶさ）雲**もあります。美しくもあり、この世の終わりのような恐ろしい印象も受けます。乳房雲が出ているあいだ

*4　季節や緯度によって異なりますが、日本では冬季は5～6キロくらい、夏季は16～17キロくらいです。

は、強い雨や雪が降ることは少ないですが、この雲が消えると一気に雨や雪が降ってくることが多いようです。

日本ではあまり発生しないのですが、海外では**スーパーセル**と呼ばれるタイプの超巨大積乱雲が見られます。これは積乱雲自体がグルグルと回転する渦を持っており、宇宙人到来を思わせる誠に恐ろしい相観です。

2-11 スーパーセル

Tozawa / PIXTA（ピクスタ）

14 雨はどうやって生まれるの?

私たちの目に見えない水蒸気が、雲になり、雨となって降ってくるのは、よく考えてみると不思議な現象ですよね。いったい雲の中ではどんなことが起きているのでしょうか。

◎雲の粒が100万倍になって落下する

雨は雲の中で生まれます。**雲の中で雲の粒(雲粒)どうしが何度もくっつきあいをくり返し、約100万倍以上の大きさになります**。やがてその重さは上昇気流でも支えきれなくなり、落下してきます。これが雨です。雨には「暖かい雨」と「冷たい雨」があります。

◎「冷たい雨」のでき方

雲の上部は気温が低く、小さな氷の粒(氷晶)がたくさんあり、氷点下になっても凍らない水(過冷却水)も混在しています。この水は、氷晶にぶつかったりすることですぐに凍ってしまいます。

こうしたことをくり返すと氷晶はどんどん大きくなり、やがて上昇気流では支えきれなくなります。すると「雪の結晶」や「あられ」となって落下します。

落下する過程で雪の結晶がとけると、地上では雨になります。**日本で降る雨は、ほとんどがこの「冷たい雨」**です。

*1 水蒸気が凝結して小さな水の粒(雲粒)になるとき、その核となる微粒子(エアロゾル)のことを「凝結核」といいます。

◎「暖かい雨」のでき方

一方、**温かい雨**は、液体の水でできた雲粒がくっつきあいをくり返して大きくなり、雨粒となって落下してきたものです。「冷たい雨」とちがって、氷の粒は登場しません。しかし、いくら雲の中には雲粒がたくさんあるとはいえ、100万倍もの大きさになるのは大変に思いますね。このとき助けになるのが「エアロゾル」の存在です。

エアロゾルとは、平たく言ってしまえば空気中に浮遊するチリなどの粒子です。チリなどの粒子は、雲粒に比べると大きく、エアロゾルが「凝結核[*1]」となることで、雲粒は効率的に大きな雨粒へと成長することができるのです。この「暖かい雨」は熱帯の海に多く、海の波から巻き上げられた塩化ナトリウムが、しばしばエアロゾルとしてはたらきます。

2-12 「冷たい雨」と「暖かい雨」

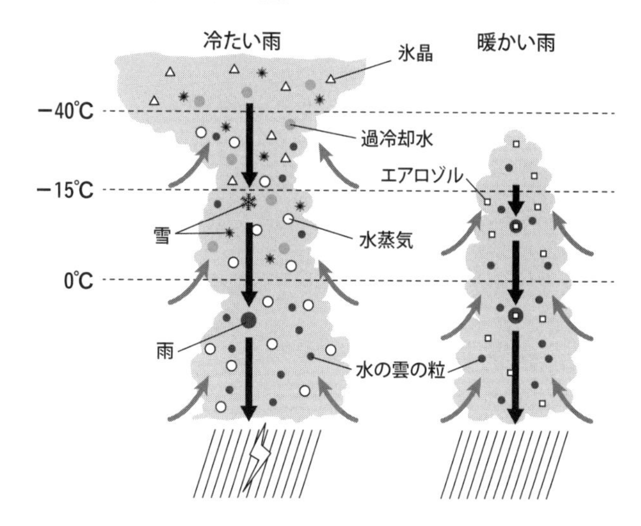

15「猛烈な雨」ってどのくらいの雨のこと?

天気予報で「猛烈な雨に警戒が必要です」といった言葉を聞いたことがある人は少なくないでしょう。ところでこの「猛烈な雨」とはいったいどのくらいのことなのでしょうか。

◎雨量と雨の強さ

雨の強さはミリ(mm)で表します。天気予報でも「明日までに30ミリの雨が降るでしょう」などと報道されていますね。同じ30ミリでも1日かけて降るのか、1時間で降るのか、10分で降ってしまうのか、によって印象はまったく異なります。「雨の強さ」としては1時間雨量を用いることが多いので、ここでも1時間雨量についてお話します。

なお、南西諸島に住む人と北海道に住む人では、感じ方にちがいがあると思われるので、今回は東京周辺に住む人の感覚で語ってみたいと思います。

2-13 雨の強さの目安

雨量	雨の強さ
1時間に0.2mm未満	なんとか傘なしで我慢できる。
1時間に0.2～2mm	弱～並みの雨。

1時間に 2～10mm	やや強い雨。地面に大きな水たまりができ、傘をさしても裾が濡れる。
1時間に 10～20mm	強い雨。雨音で会話が聞き取りにくい。
1時間に 20～30mm	どしゃぶり。車のワイパーが効かない。傘をさしてもずぶぬれになる。
1時間に 30～50mm	バケツをひっくり返したようなはげしい雨。川があふれ出すこともある。
1時間に 50～80mm	滝のような非常にはげしい雨。しぶきで一面真っ白になり、前が見えない。ゴーゴーと轟（とどろ）くような音を立て、恐怖を感じる。
1時間に 80mm 以上	空が落ちてきたような「猛烈な雨」。耐えがたい息苦しさや恐ろしさを感じる。

◎過去最高記録

日本における過去最高の1時間雨量は、1999年10月27日、千葉県佐原市（現・香取市）での153ミリ（佐原豪雨）です。また気象庁以外が観測したデータでは、1982年7月23日の長崎県長与町役場の187.0ミリ（長崎豪雨）というのがあり、**「猛烈な雨（80ミリ以上の雨）」**の2倍以上というとんでもない記録です[*1]。

*1 ちなみに東京では、1時間に80ミリ以上の猛烈な雨は、史上（1886年以降）2回しか観測されていません。

16 雷はなぜジグザグに放電されるの？

雷といえば、稲妻と雷鳴が特徴です。時にすさまじい光と音を発することから、苦手とする人も少なくないようです。では、なぜこのような現象は生まれるのでしょうか。

◎稲妻と雷鳴はどうやって生まれる？

雷はいわば、地球上で最大の静電気といえるものです。ではいったい、何がこすれて起こっているのでしょうか。

雷は雷雲（積乱雲）の中で発生します。積乱雲の中にあるのは多数の氷の粒です。**積乱雲の中のはげしい上昇気流で大小の氷の粒がこすれ合い、割れたりします。そのときに静電気が起こる**のです。

もともと空気は電気を通しにくい物質ですが、雲の中で静電気がたまりにたまって電圧が大きくなると、無理やり空気中を電流

2-14　雷のしくみ

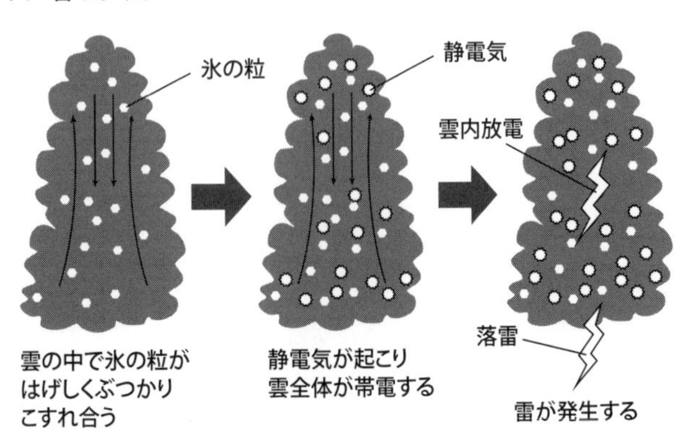

が流れてしまいます。**電流は、空気の中でも、少しでも流れやすいところを探しながら流れるために、ジグザグした形状になる**わけです。

また、電気の流れにくい空気中を強引に流れるために、大量の熱が発生し、空気の温度は一気に3万℃くらいに達します。**空気は暖められると膨張し、それによって激しく振動します。**すさまじい雷鳴が轟(とどろ)くのはそのためというわけです。

一般に、雲の中で放電が起こるものを**「雲内放電」**とか**「雲放電」**、雲から大地に向かって放電するものを**「落雷」**と呼んでいます[*1]。

◎ 落雷から身を守るには

落雷はときに人命すらもうばうことがあります。では、雷に遭ったときはどうすればよいでしょうか。ベストなのは、速やかに頑丈な建物か車の中へ避難することです。万が一に備え、建物の中では、コンセントから離れたほうがよいでしょう。

外にいる場合は、高い木などから離れ、地面にしゃがみます。雷は、背の高い物に落ちる確率が高く、高い木に落雷があると、木から周りのものへ再放電することがあり（側撃雷）、側撃雷に巻きこまれることによる死亡事故が多いからです。

また足は閉じ、耳も塞(ふさ)ぐようにしましょう。足を開いていると、雷の電気が右足から入って心臓を通り、左足に抜けるようなことがあるからです（足をピタッと閉じていれば、ダメージは足だけで済みます）。耳を塞ぐのは、落雷の爆音で鼓膜が破れるのを防ぐためです。

*1 ちなみに、あくまで私の仮説ですが、稲光の「色」が積乱雲の個性を表すとも考えられます。一口に積乱雲といっても、豪雨をもたらすもの、落雷が著しいもの、突風や竜巻をもたらすもの、大粒のひょうをもたらすものなど、個性に富んでいます。雲の内部の湿度や物質分布により、雷電の色が変化するという俗説は各地に残っています。

◎ 雷日数日本一は？

では、その雷が日本で一番多い都市はどこでしょうか。

じつは日本海側の金沢市です。亜熱帯の那覇市をも上回り、年間で平均42日と東京の3.2倍もの雷に見舞われているというから驚きですね[*2]。

2-15 雷日数分布

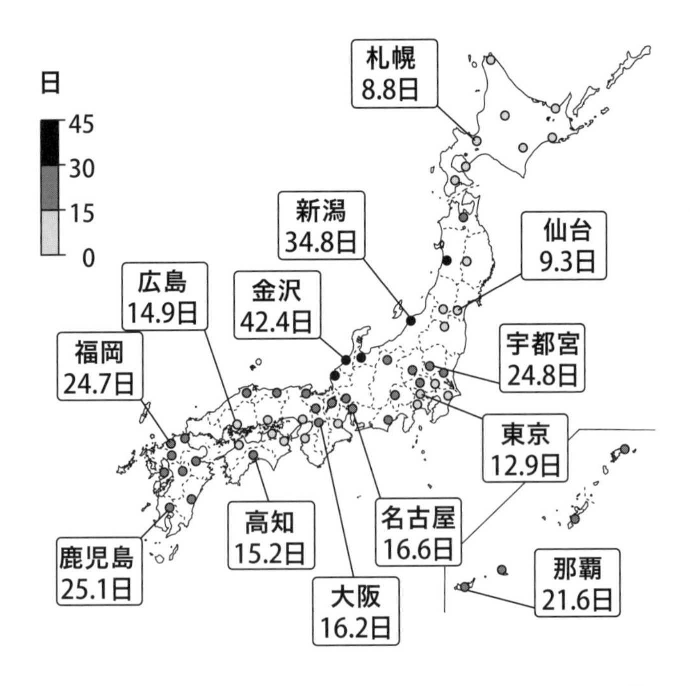

年間の雷日数の平年値（1981 ～ 2010 年）
出典：気象庁ホームページ

*2 金沢は天気の移り変わりがはげしいことから「弁当忘れても傘忘れるな」といった言葉もあります。

17　虹はどうやって生まれるの？

夕立のあとなどに見えることがある虹は、その美しさから大人でもつい「アッ虹だ！」と思うものですよね。虹は太陽光が分解されて見えるもので、文化圏によって色の数は異なります。

◎ 虹は７色とはかぎらない？

日本で虹といえば、赤、橙（だいだい）、黄、緑、青、藍（あい）、紫の７色です。しかし厳密に７色を数えるのは困難ですね。このため、文化によって虹の色数は異なります。たとえば、アメリカでは６色、ドイツは５色とされています。

虹は一般に幸福や平和のシンボルとされ、見るとよいことがあると言われます。また多様性のシンボルともされ、LGBT（レズビアン、ゲイ、バイセクシャル、トランスジェンダー）の旗[*1]などにも用いられます。

このように人を魅了してやまない虹ですが、ではいったいどのようなしくみでできるのでしょうか。

◎ 色のでき方

虹は、おおざっぱに言ってしまうと、太陽の光がいろいろな色に分解されることでできるものです。

もともと太陽光は、私たちの目では白く見えます。絵の具やペンキでは「減法混色（げんぽうこんしょく）」で、色を重ねるほど明度が下がって黒に近

*1　この旗は「レインボーフラッグ」と呼ばれ、６色です。

づきますが、光では「加法混色(かほうこんしょく)」といって、色を重ねるごとに明度が増して白に近づくのです。**太陽光が白いのは、いろいろな色が混じり合った結果**というわけです。

この白い太陽光が、空気中の水滴にぶつかるとどうでしょう。**水滴で光が屈折、反射されるときに、水滴がプリズムの役割をするため、光が分解されて7色の帯に見える**のです。

2-16　虹のしくみ

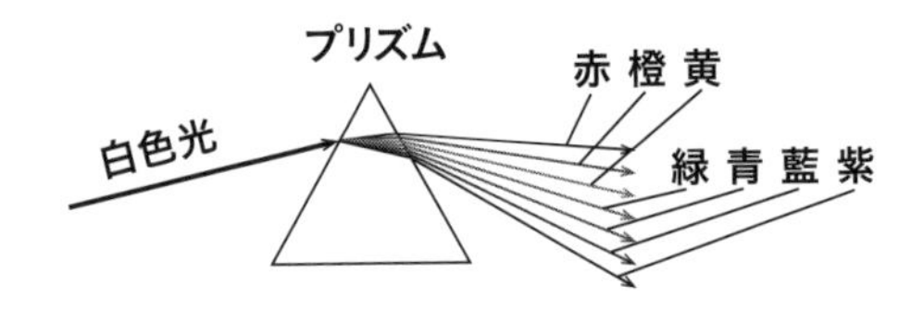

様々な波長を含んだ白色光を、ガラスでできたプリズムに通すと屈折によって様々な色に分離される。

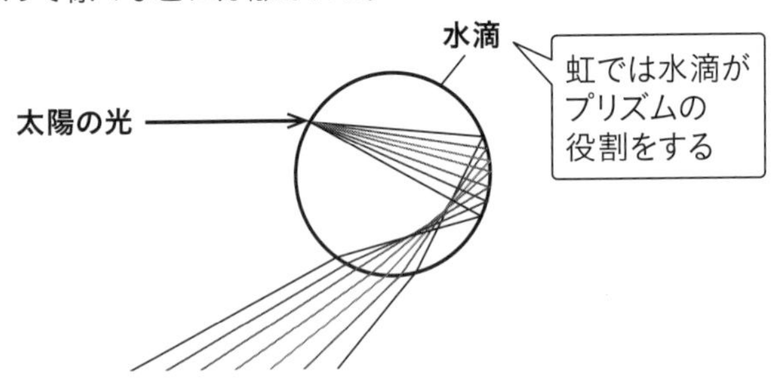

◎ 虹ができる条件

つまり虹ができるためには、**空気中に浮かんだ水滴に太陽光が**

当たることが条件になります。

虹を見ることができるチャンスは、「雨のち晴れ」の日、または「晴れのち雨」の日にたびたび訪れます。「雨のち晴れ」の日には、東へと去りつつある雨雲に向かって西日が差すため、「晴れのち雨」の日には、西から近づいてくる雨雲に東の空から朝日が差しこむためです。

虹は人為的につくることもできます。太陽を背にしてホースで水まきをしたり、霧吹きを使えば虹をつくることができるでしょう。

虹（虹のなかま）にもさまざまな種類があり、円形虹、副虹、ハロ、幻日、環天頂アーク、ラテラルアーク、白虹、赤虹などがあります。

2-17 いろいろな虹

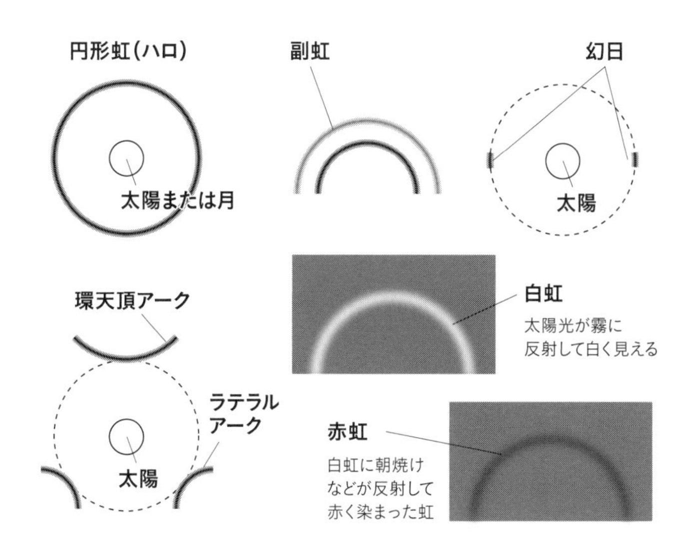

18 気温が10℃近くあっても雪になることがある？

雪が降るのは0℃くらいの寒い日、というイメージを持つ人がほとんどではないでしょうか。ところが、10℃くらいの気温であっても雪になることがあります。湿度も関係するからです。

◎ 雪の予報は難しい

p,060で述べたように、日本で降る雨はそのほとんどが「冷たい雨」です。雲の上部では雪だったものが、高度が下がるにつれて気温が上がり、雪がとけて雨になるのです。また、雨と雪が混じって降るのが「みぞれ」です。

では、どんなときに雪が雪のままとけずに落ちてくるのでしょうか。雲の上部から地表までがすべて氷点下なら、まちがいなく

2-18　雨と雪のちがい

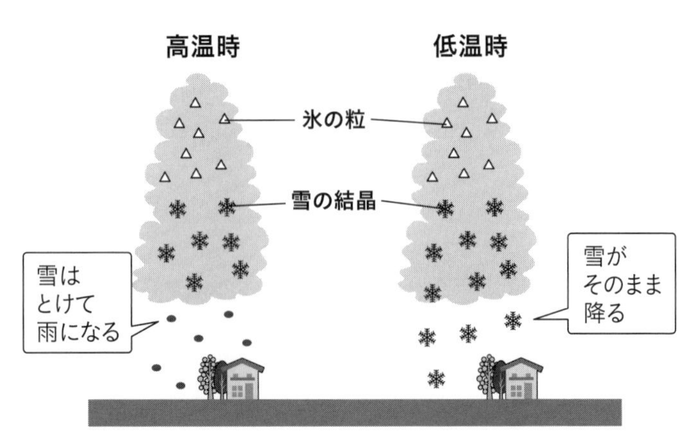

とけずに雪として落ちてきます。問題は、途中で気温がプラスの層にぶつかった場合です。プラスの層が薄かったり、せいぜい1、2℃くらいであったりすればとけずに雪として落ちてくることがあります。

とはいえ、具体的にどのくらいでとけずに落ちてくるのか、予測するのはかなり難しいのが実情です。それは、風速や湿度なども加味しなければならないからです。とくに**湿度が低いと、雪の結晶が落ちてくる際、少しずつ蒸発して気化熱をうばうため、プラスの気温になってもなかなかとけない**のです。

「雨か雪か」という微妙なときに、なかなか予報が当たらず、「雨か雪」「雪か雨」というはがゆい予報を出さざるを得ないのはこのためです。

◎ 雪が降る目安

おおむね、地上気温が3℃以下だと雪の可能性が高いと考えますが、**湿度が低いと10℃近くでも雪になってしまう**ことがあるので油断はできません。

2-19 雨雪判別表（気象庁）

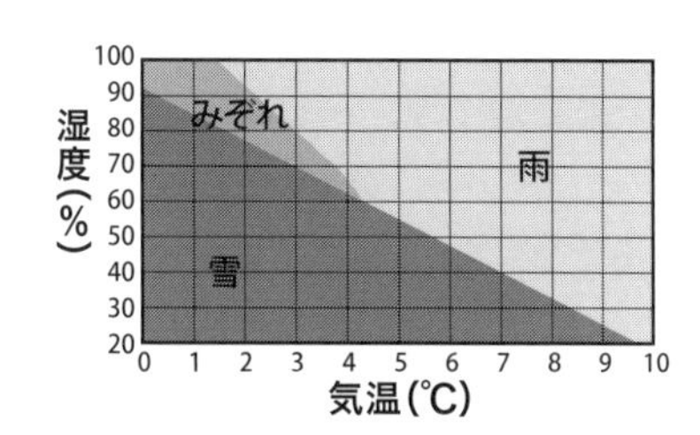

また、上空約1500メートル（850 hPa）の気温もよく予報で使われます[*1]。冬型の気圧配置の場合は、およそ－6℃で雪になりますが、南岸低気圧の場合には0℃程度でも雪になることがあります。

*1 地表面の気温予想は、物体との摩擦など、いろいろな要素が複雑にからみ合うので予想が難しいものです。そこで、高層天気図としてもっとも低層のもの（850hPa・上空約1500メートル）を使うと、地上気温を見積もるときに頼りになるのです。

19 雪の結晶はなぜ六角形なの？

「いったいどうやってこんな形ができたのだろう？」ー。雪の結晶を見たことがある人は、一度はこんな思いを抱いたことがあるのではないでしょうか。

◎ 雪はなぜ六角形になる？

水（H_2O）というのは、身近でありながらとても不思議な物質です。空気中で水が凍ると、最初は六角形の結晶になるからです。五角形や七角形になることはありません[*1]。

2-20 雪の結晶ができる条件

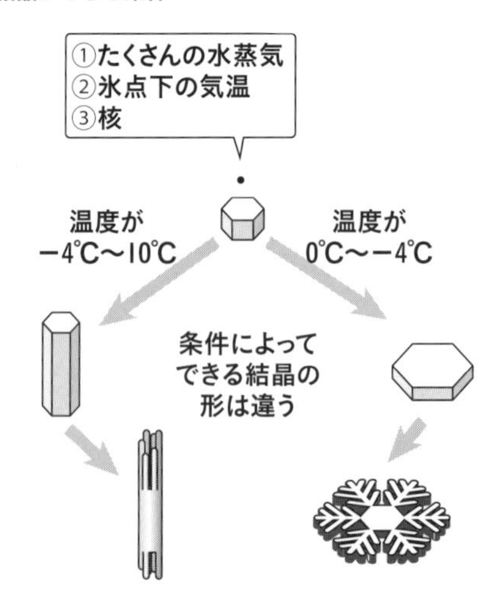

*1 これは水分子の形、水が酸素原子と水素原子でできていることにより、「水素結合」という力がはたらくことなどが関係しています。

これまでも述べてきたように、雲の上部は気温が低く「氷晶(ひょうしょう)」でできているのですが、この氷晶も六角形をしています。この六角形の頂点に、空気中の水蒸気が次々と凍りついていきます。水蒸気は、平面よりも角や縁に凍りつきやすい性質があるために、雪の結晶は平たく、横へと広がるように成長していくのです。そしてだんだん大きくなりながら落下してくるわけです。

2-21 結晶のつくられ方

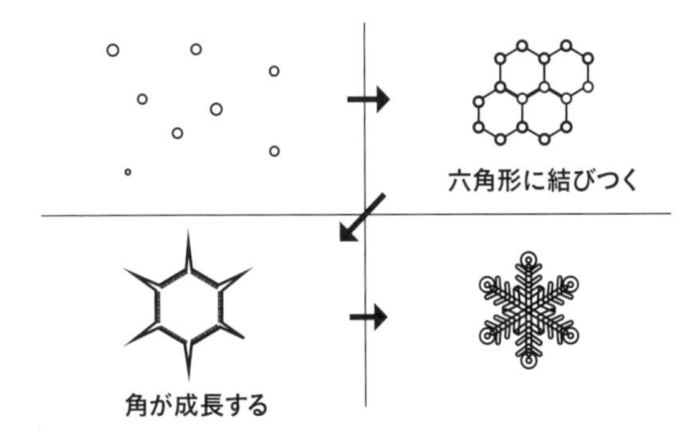

◎ いろいろな結晶

雪は実に個性に満ちており、雪の結晶にも無数の種類があります。同じものはとないと言えるでしょう。

おおざっぱに分けても、針状(はりじょう)、角錐状(かくすいじょう)、扇状(おうぎじょう)、角板状、樹枝状(じゅしじょう)など数十種類に渡ります[*2]。上空の気温や水蒸気量により、おおよそどのタイプになるか決まってくるために、中谷宇吉郎(なかやうきちろう)は「雪は天から送られた手紙である」という言葉を残しています[*3]。

*2 青森県出身の太宰治は『津軽』の中で、こな雪、つぶ雪、わた雪、みづ雪、かた雪、ざらめ雪、こほり雪という7種類の雪が降ると記しています。

*3 中谷宇吉郎（1900-1962年）は、物理学者・随筆家。世界で初めて人工雪の製作に成功しました。

もっとおおざっぱな感覚では、気温が低いときに降る**粉雪**[*4]と、比較的高温のときに降る**ボタン雪**というものがあります。

ボタン雪は、雪の結晶がとけかかり、お互いにくっつき合って大きな粒となって降ってくる雪です。水分を多く含んで重いため、電線等に着雪して被害を起こすこともあります。東京などで降るのはこのボタン雪が多く、ときに10センチほどの大きさになることもあります。

2-22 結晶の形

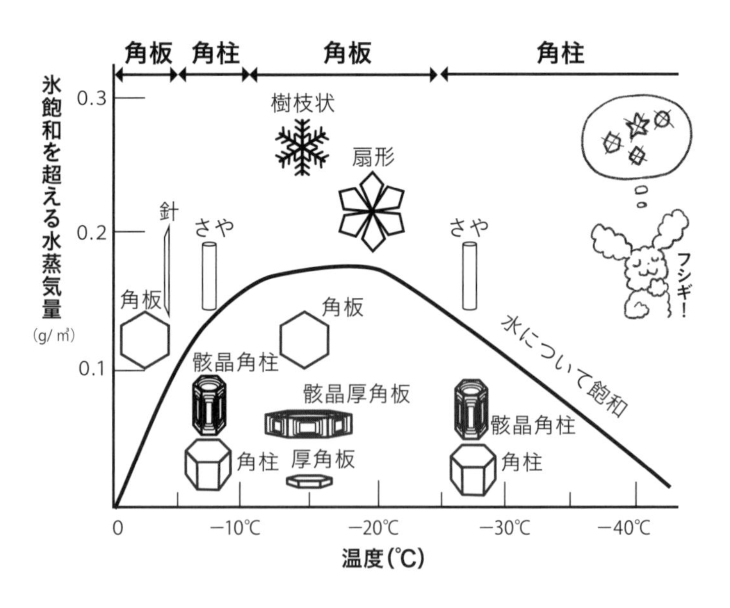

*4 粉雪は気温が低いときに降る軽くて細かな雪です。風に舞いやすいため、積もった雪が巻き上げられる「地吹雪（じふぶき）」を起こすことがあります。

20 雨、雪、ひょう以外にも降ってくる“やっかいなもの”って何？

空から降ってくるものといえば、雨や雪が多く、年に１〜２回程度ひょうが降ってくることがある、というケースがほとんどでしょう。でもそのほかにも降ってくるものはあります。

◎ ダイヤモンドダスト

空から降ってくる水（H_2O）は雨や雪、ひょうだけではありません。実にいろいろな形態のものが降ってきます。

まず、寒冷地で見られ、世にも美しい気象現象と言われる**ダイヤモンドダスト**があります。

ダイヤモンドダストとは名前のとおり、空気中を舞いながら落ちてくる小さな氷の粒が、日射を受けて金色や虹色に輝く、誠に美しい気象現象です。晴天かつ気温が－10℃以下、無風で湿度の高いときに現れます。どれかひとつの条件が欠けても見られません。日本語では「細氷（さいひょう）」とも呼ばれ、北海道でも内陸の、名寄（なよろ）市や旭川市などで比較的よく観察されます。

◎ あられ・ひょう

その他、**あられ（霰）**があります。あられとは直径が５ミリ未満の氷の粒です。５ミリ以上のものは**ひょう（雹）**と呼ばれます。あられは、雲の中の氷晶に、過冷却水（氷点下になっても凍らない水）が凍り付くことで生成されます。

あられには「雪あられ」と「氷あられ」があります。雪あられは白くて柔らかく、雨から雪へ、あるいは雪から雨へと変わるタイミングでよく降ります。氷あられは透明で硬く、季節を問わず降ります。

◎ 凍雨

氷あられと似たものに凍雨（とうう）があります。凍雨は、上空でいったんはとけて雨になったものが、ふたたび凍って落ちてくるものです。上空に暖かな層があり、地表付近には寒気がたまっているときなどによく降ります。「ものすごく寒いのに、なかなか雪にならないな」と感じるときなど、よく観察すると凍雨に気づくことができるでしょう。

2-23　凍雨

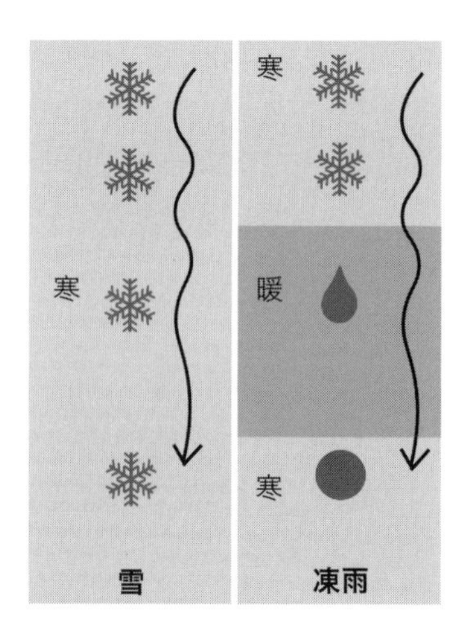

◎ 着氷性の雨

さらにやっかいなものとして、**着氷性の雨**（ちゃくひょうせい）というのもあります。これは過冷却状態の水が、雨として降っている状態です。過冷却状態の水は、刺激を受けると容易に凍るので、地面にぶつかった瞬間、その場で凍ってしまいます。すると路面が「スケートリンク」のようになってしまい、すべって非常に危険です。地面だけでなく、物にぶつかった場合も、その場で凍りつきます。電線や電車のパンタグラフなどにも容赦なく凍りつくので、それはそれはやっかいな存在になります。

2003年1月3日、南関東の広い範囲でこの「着氷性の雨」が降り、大きな被害が出ました。いっそ大雪にでもなってしまったほうがマシだったかもしれないと思えるほど、やっかいなものなのです。

2-24 着氷性の雨が凍りついた枝

rik / PIXTA（ピクスタ）

Column

コラム

2 便利なお天気アプリ

スマートフォンの普及とともに、さまざまなお天気アプリが登場しています。ここでは、ちょっとユニークなアプリをいくつか紹介します。みなさんもいろいろ使ってみて、お好みのものを見つけてみると楽しいかもしれません。

Go 雨！探知機 –X バンド MP レーダ[*1]–

雨のようすが上空に表示される新感覚のお天気アプリで、日本気象協会が提供しています。

端末を上に向けると上空のメッシュに雨量分布が表示されるので、どの雲が雨雲で、どのくらいの雨量の可能性があるのかもわかります。

「あのモクモクした入道雲は、50 ミリも雨を降らせる可能性があるのか」などとわかるので、自由研究などにも活用できそうです。もちろん、一般的な雨雲レーダーとしても重宝します。

*1 X バンド MP レーダとは、局地的な豪雨への対策として国土交通省が整備を進めている最新型の気象レーダです。 従来の気象レーダに比べてより早く、より詳細な雨のようすを観測することができ、都市域を中心に全国へ配備が進んでいます。

tenki.jp

同じく日本気象協会のお天気アプリです。下記の7つが目玉機能ですが、そのほかにも情報量が多く、大変便利です。

1　市町村ごとの1時間ごとの天気予報
2　週間天気予報よりも長い『10日間天気』
3　現在の気温、湿度、風向・風速、降水量
4　気象予報士による天気解説を毎日複数回更新
5　天気や雨雲接近の通知機能
6　報注意報や地震・台風情報などの防災情報
7　熱中症・PM2.5・花粉情報、洗濯・服装・星空指数など

スケスケ温度計

『「暑すぎる日」「寒すぎる日」を画像として記録に残そう！そして友達にも共有しよう！』というコンセプトのアプリ。温度や湿度の確認用にも利用できますが、スマホのカメラ機能と合わせて使用することで、撮った写真に天気や気温を重ねて記録（スケスケ画像を作成）することができます。こんなにも地元は暑いんだぜと自慢したい人、とにかく今の気温をシェアしたい人、気温を写真とともにログに残したい人などにオススメです。

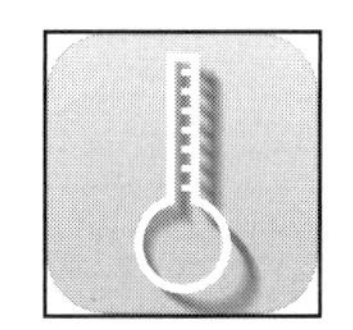

アメミル

1つめ「Go雨！探知機」と似ていますが、リアルタイム降雨情報をAR（拡張現実）とAI（人工知能）で表現するアプリです。強い雨雲の接近をAIが伝え、カメラを通してリアルな映像として確認できます。3Dモードでは、周囲10キロメートルの降雨と風の情報を、雨雲と雨、風のアニメーションとしてカメラの映像に合成。雨雲の方向に向けると雨量を読みとります。雨音や雨のようすを視覚で確認できる、ハイテクなアプリです。

Yahoo! 天気

言わずと知れたYahoo!天気のアプリ。以下9つのポイントをウリにしています。とくに、雨雲接近のお知らせはアウトドアで重宝できるでしょう。市町村ごとのピンポイント予報にも対応していて、5か所まで登録できます。

1 ひと目でわかりやすいデザイン
2 レーダーマップで5分ごとの雨雲の動きがわかる
3 雨雲の接近を通知でお知らせ
4 台風の発生・接近・消滅をお知らせ
5 雷の発生と今後の予測がわかるレーダー
6 多彩なウィジェット
7 1時間ごとの詳細な天気予報がわかる
8 今の外気温がわかる温度計機能
9 施設名でも登録できるピンポイント検索機能

第３章
『四季と天気のしくみ』を学ぼう

21 日本の四季を決める高気圧って何？

日本らしさといえば四季折々の花鳥風月があげられるでしょう。
そんな季節の彩りを与えるのが日本周辺にある４つの気団です。
それぞれの特徴を見てみましょう。

◎ ４つの気団が四季を彩る

海洋や大陸では、空気がかき混ぜられたり隔てられたりすることがなく、湿度や温度が同じ空気が広範囲にわたってたまることがあります。これを**気団**（きだん）といいます。気団はしばしば「巨大高気圧」としての性質をもちます。

日本周辺では、下記の４つの気団（高気圧）がほぼ毎年出現し、日本の四季をかたちづくっています。これらのうち、どの高気圧が発達し、どの高気圧の支配下に入るかによって、その季節の気象に大きな影響を与えます。

- **シベリア気団**（シベリア高気圧）
- **揚子江（長江）気団**（ようすこう（ちょうこう）きだん）（揚子江［長江］高気圧）
- **小笠原気団**（小笠原高気圧、太平洋高気圧）
- **オホーツク海気団**（オホーツク海高気圧）

*1 「下層が湿潤」とは、大気の下のほう（主に1500m以下を指すことが多い）の水蒸気含有量が多くなることを意味しています。

3-1　日本付近の気団

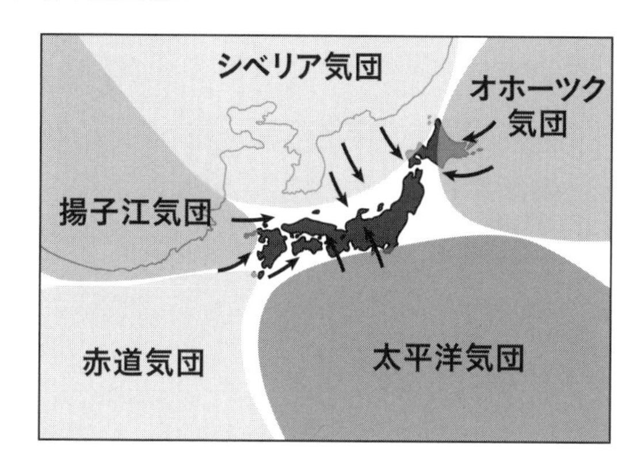

◎ 冬：シベリア高気圧

冬はシベリア高気圧が発達します。シベリア高気圧は低温で乾燥した高気圧ですが、シベリアから日本へ張り出す際、日本海で大量の熱と水蒸気を得て、一時的に下層が湿潤になります*1。このために、太平洋側は乾燥した晴天になるものの、日本海側では豪雪になるのです。

3-2　冬型の気圧配置とシベリア高気圧

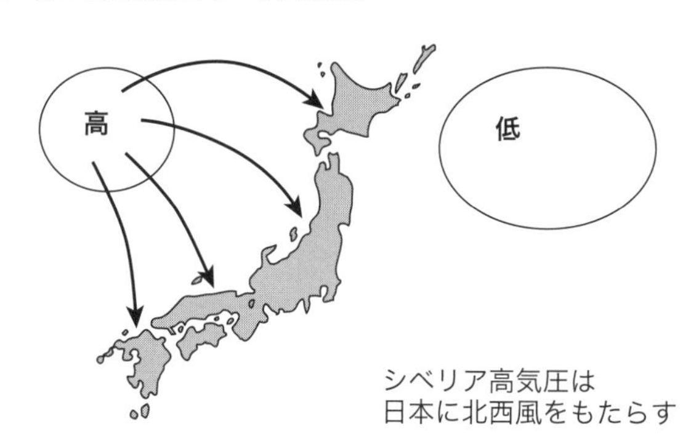

3-3　豪雪をもたらすシベリア高気圧

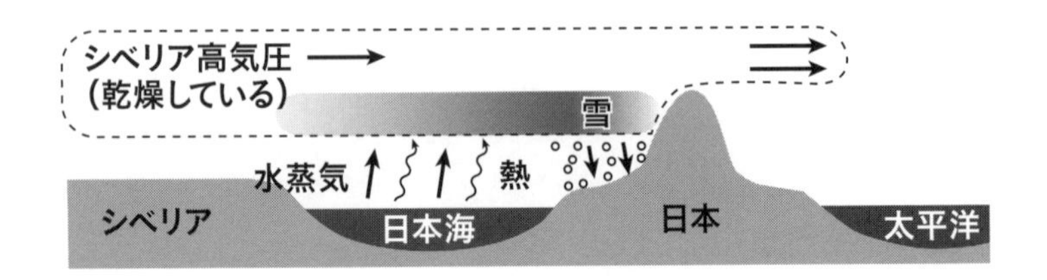

◎春：揚子江（長江）高気圧

春になるとシベリア高気圧が弱まり、揚子江（長江）高気圧が中国大陸の南で成長してきます*2。揚子江（長江）高気圧は高温で乾燥しています。しばしば千切れることがあり、日本には**移動性高気圧**となってさわやかな晴れを運んできてくれます。

3-4　春の移動性高気圧

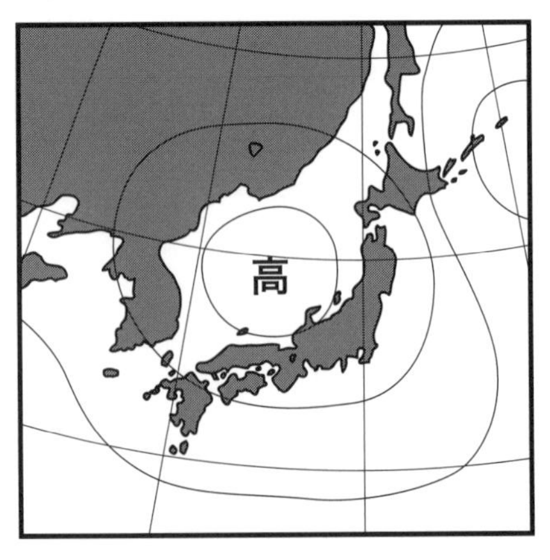

*2　揚子江（長江）とは、チベット高原北東部から上海（東シナ海）にまでおよぶ全長約6300 キロの中国最長の河川。揚子江（長江）流域に位置する気団（高気圧）であることからこう呼ばれています。

◎夏：小笠原（太平洋）高気圧 / オホーツク海高気圧

やがて季節が進むと、南海上で小笠原（太平洋）高気圧が、オホーツク海ではオホーツク海高気圧が成長してきます。

小笠原（太平洋）高気圧は高温で湿潤、オホーツク海高気圧は低温で湿潤な高気圧です。これらがちょうど日本付近でぶつかり、天気がぐずつくようになります。これが「梅雨」です。

７月になると小笠原（太平洋）高気圧が一段と発達し、オホーツク海高気圧を北に追いやると「梅雨明け」です。

やがて日本付近がすっぽりと小笠原（太平洋）高気圧の勢力下に入り、湿度が高くて暑い日が続く、典型的な真夏の季節になるのです。

3-5　高気圧どうしの勢力争いで生じる「梅雨」

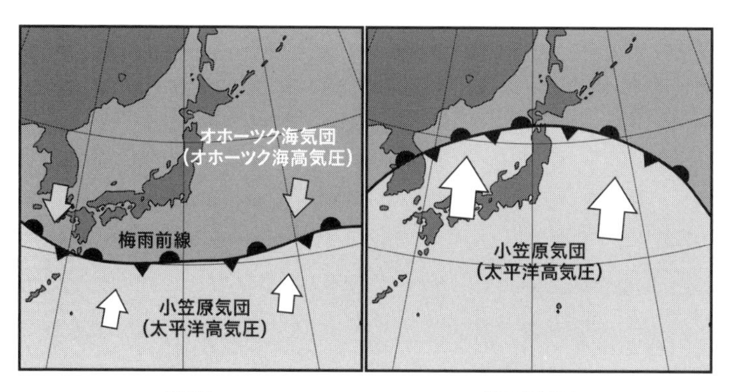

22 なぜ「春一番」が春のシグナルなの？

春一番は、その年に初めて吹く南寄りの強い風のことをいいます。当日は気温が上がり、春の訪れを感じさせます。では、そもそもなぜ春一番は吹くのでしょうか。

◎「春一番」って何？

立春[*1]から春分[*2]の日までに、はじめて吹く強い南寄りの風を**春一番**といいます。地域によって若干異なりますが、たとえば関東地方では以下のように定義されています。

- 日本海に低気圧があること。低気圧が発達すればより理想的である。
- 関東地方に強い南風が吹き気温が上昇する。具体的には東京において最大風速が風力５（風速 8.0 m/s）以上、風向は西南西〜南〜東南東で、前日より気温が高い。なお、関東の内陸で強い風の吹かない地域があっても止むを得ないとする。

これまでもお伝えしてきたように、風は低気圧に向かって吹きこみます。**日本海に低気圧があると、低気圧に向かって風が吹くため、広い範囲に南風をもたらす**のです。

*1　立春は二十四節気の第１で、春の気配がたち始める日。２月４日頃。冬至と春分の中間で、この日から立夏（５月５日頃）の前日までが「春」とされます。
*2　春分は二十四節気の第４で、昼と夜の長さがほとんど同じになります。３月20日頃。

3-6 春一番

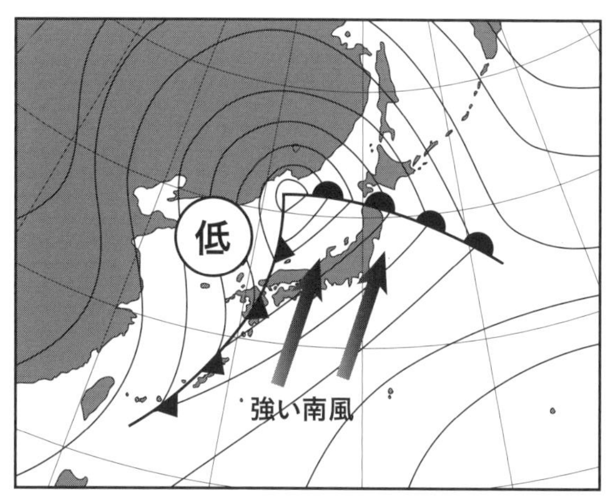

日本海の低気圧に向かって南にある暖気から強い南風が吹きこむ。これは北の寒気が弱まっている証拠

◎ 寒気が弱まる合図

では、なぜ日本海に低気圧があると「春のシグナル」になるのでしょうか。

ふつう低気圧（温帯低気圧）は、北の寒気と南の暖気がぶつかることで発生・発達します。厳冬期は、日本付近が寒気にすっぽりおおわれているため、南の暖気とぶつかるのは日本のはるか南のほうとなります。したがって低気圧が発生するのも南のほうになります。

ところが春が近づき、寒気が退散して南の暖気が強まってくると、寒気と暖気の境目である低気圧の発生位置がだんだん北へと移動し、やがて日本海を通るような低気圧も現れるようになります。このため、春一番が吹くころは、ちょうど季節の変わり目ということができるのです。

3-7 変化する低気圧の位置

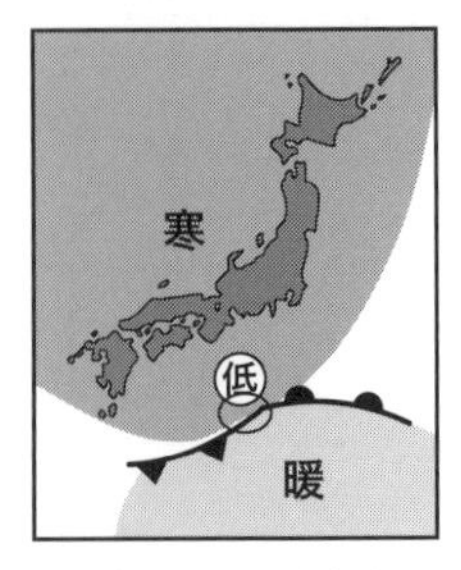

寒気の強い厳冬期は、低気圧ははるか南を進む

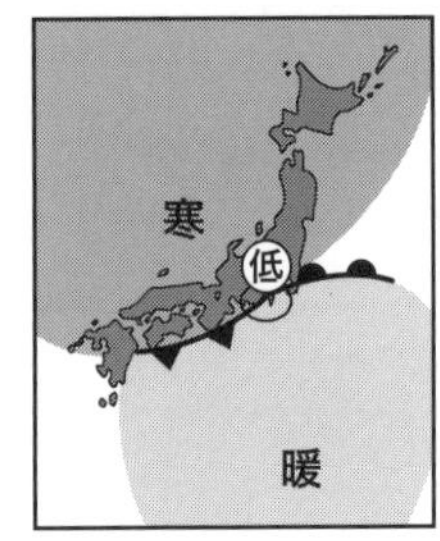

すこし寒気がゆるむと、低気圧の進路が北上する

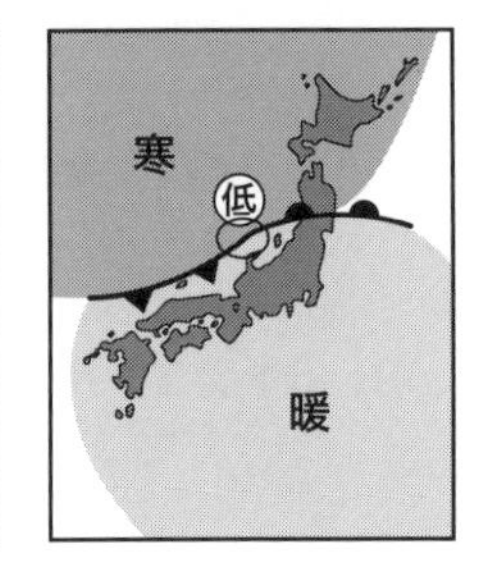

さらに寒気がゆるむと、低気圧は日本海を通るようになる

◎ 暴風被害に要注意

春一番は春の訪れを告げる風物詩で、なんとなくワクワクするものです。しかし、**台風に次いで暴風被害を起こしやすい**ため、その点は警戒が必要です。

また気温が急上昇するので、雪の多い地域では、雪崩や融雪洪水などにも注意するとよいでしょう[*3]。

*3 ただし、春一番をもたらした低気圧から伸びる寒冷前線が通過してしまうと、ふたたび寒気におおわれ、翌日は冬の寒さに戻ることがほとんどです。

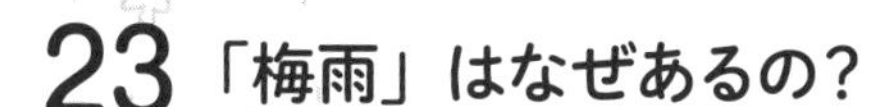

23「梅雨」はなぜあるの？

曇りや雨の日ばかりが続く季節といえば「梅雨」でしょう。この季節も２つの気団（高気圧）がせめぎ合いをする中で生まれます。さまざまな「梅雨空」があるのがこの季節の特徴です。

◎ 集中豪雨をもたらす梅雨前線

前に述べましたように、夏が近づくと、南海上では小笠原（太平洋）高気圧が発達してきます。同時に北の海ではオホーツク海高気圧が生じ、２つの高気圧がぶつかり、押し合うようになります。この両者がぶつかり合っているところが**梅雨前線**です。

3-8　梅雨の天気図の例

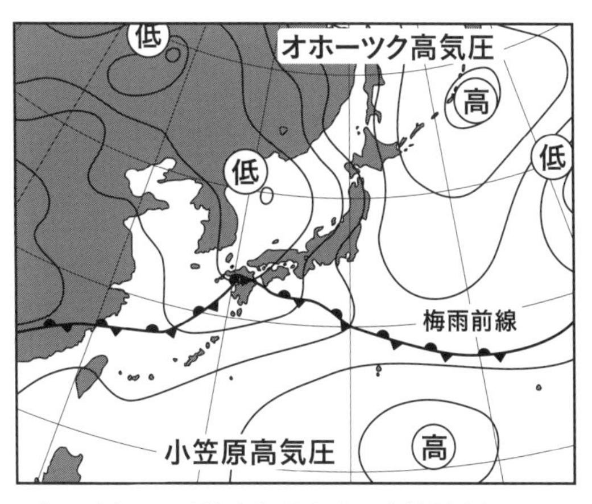

北のオホーツク海高気圧と南の小笠原高気圧の境目に梅雨前線が生じる

最初のうちはぶつかり合ってもなかなか勝負がつきません。このときは同じくらいの力で押しくらまんじゅうをしている**停滞前線**の性質が強いですが、いよいよ夏が近づき、暑い太平洋高気圧がより強まってくると、前線はじわじわと北上していきます。梅雨末期には、活発化した梅雨前線がしばしば日本列島を横切るので、雨の降り方が強まり、ときに集中豪雨を引き起こします。

梅雨前線が北上しきって、もう影響がないだろうと判断されると「梅雨明け」です[*1]。梅雨が明ければ蒸し暑い夏の晴天が続き、台風や雷雨以外にまとまった雨がほとんど降らなくなります。

◎ さまざまな梅雨空

梅雨にもさまざな個性があります。雨がザーッと降ったかと思えばスカッと晴れるといったメリハリが大きい梅雨を**陽性梅雨**（ようせいばいう）、ずっと雲りがちで、シトシト雨が続くものを**陰性梅雨**（いんせいばいう）と呼びます。

陽性梅雨は豪雨被害、陰性梅雨は冷害や日照不足に注意が必要です[*2]。梅雨前半は陰性梅雨であったのが、末期に陽転することもよくあります。

前線の活動が弱かったり、あまりに早く梅雨明けしてしまったりで、期間降水量が少ないのが**空梅雨**（からつゆ）で、そのまま夏になってしまうと深刻な水不足に陥ります。

また、いったん梅雨前線が北上して梅雨明けしたと思ったら、ふたたび南下してきて梅雨に逆戻りしてしまうことを**戻り梅雨**と呼んでいます。ほかにも、雷雨性の雨が多い**雷梅雨**などと呼ばれるタイプもあります。

*1　「梅雨入り」「梅雨明け」の明確な定義はなく、たとえば関東甲信地方であれば、6月に2、3日曇りや雨が続けば、気象庁は「梅雨入りしたとみられる」と発表します。

*2　2019年の関東地方は典型的な陰性梅雨で、日照不足や「梅雨寒（つゆざむ）」がしばしば話題になりました。

梅雨明けの仕方にも個性があります。一般的な梅雨明けとは反対に、北からオホーツク海高気圧が強く張り出して梅雨前線を南下させ、そのまま前線が消滅してしまうタイプもあります。こうなるとその年は冷夏になりがちです。

◎ 秋雨前線

もっとひどいときには、8月になっても、梅雨前線が一向に日本から離れることも消えることもせず、そのまま**秋雨(あきさめ)前線**になってしまうような例すらあります(「梅雨前線」は、立秋*2を過ぎると「秋雨前線」と名前を変えます)。1993年が典型例で、多くの地域で「梅雨明けが特定できず」となって稲は大凶作になり、タイ米が出回ったことを覚えている方も多いでしょう。

◎ 梅雨がない地域

ところで、北海道と小笠原諸島には梅雨はありません。北海道はオホーツク海高気圧に、小笠原諸島は小笠原高気圧にそれぞれすっぽりとおおわれているため、両者の境目とは無縁だからです。ただ北海道では、雨が多いと「蝦夷梅雨(えぞつゆ)」と呼ぶことがあります。

◎ なぜ「梅雨」という？

「梅雨」の由来ははっきりしません。梅の実が熟す季節だからという説や、カビが生えやすいことを意味する「黴雨(ばいう)」から転じたとする説などがあります(「黴」はカビの意)。なお、中国でも「梅雨(メイユー)」の字が当てられるのが一般的です。

*3 立秋は二十四節気の第13。8月7日頃。夏至と秋分の中間で、この日から立冬(11月7日頃)の前日までが「秋」とされます。

24 関東の梅雨と九州の梅雨はちがうってどういうこと？

ひと言で「梅雨」といっても、じつは西日本と東日本ではその特性がちがいます。そのため発生する雲や雨の降り方も異なります。いったいどういうことでしょうか。

◎ 西日本は豪雨、東日本はシトシト雨

東京をはじめとした関東地方や東北地方の太平洋側に住む方は、梅雨の時期はシトシトと雨が降り続くイメージがあるでしょう。

しかしニュースを見ていると、九州などでは連日、猛烈な雨が降っていることが報道されたりします。本来、天気は西から東へと変化するのですから、東京でもはげしい雨が降りそうなものです。これはいったいどういうことでしょうか。

じつは**梅雨前線は、西側と東側で性質が大きく異なります**。

前項の最初で述べた、オホーツク海高気圧と太平洋（小笠原）高気圧との間で「停滞前線」を生じる、という解説は、教科書にも載っていますが、これはあくまで梅雨前線の東側の性質にすぎません。

◎ 西日本は「水蒸気前線」

右の図を見てみましょう。西日本では、大陸の暑くてやや湿った空気と、海洋の暖かくて非常に湿った空気がぶつかり合ってい

ます。つまり、**ぶつかっているのは暖気どうし**というわけです。含まれる水蒸気量が異なる空気どうしがぶつかり合っているため一般的な停滞前線と異なり、この前線は**水蒸気前線**と呼ばれます。

典型的な停滞前線である**東側では、乱層雲が広がってシトシトと雨が降りますが、西のほうでは水蒸気前線の性質を引きずっていて、大気の状態が非常に不安定になり、積乱雲による滝のような豪雨になる**のです。

3-9　東西でちがう梅雨の性質

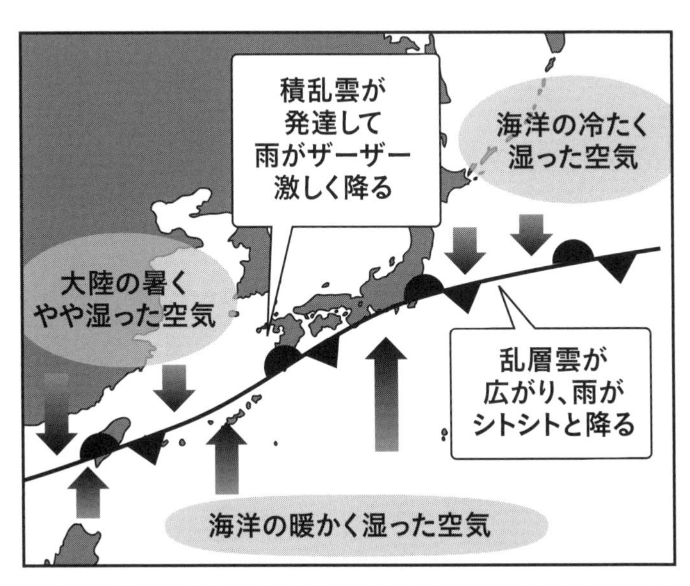

一般の前線は、気温の差（暖かい空気と冷たい空気）によって形成されますが、水蒸気量の差（乾いた空気と湿った空気）によって形成される前線もあり、これを水蒸気前線と呼ぶことがあります。一般の前線は前線の北側で降水が多くなりますが、水蒸気前線は南側で豪雨が起こりやすいのが特徴です。

◎ 関東平野に入りこめない積乱雲

西日本で生じた積乱雲は、東にも移動しますが、関東平野は西側を高い山脈でぎっちり囲まれているため、これらの積乱雲はなかなか関東平野に侵入できません。

そのために、梅雨前線の影響に限って言えば、東京で極端な大雨になることは少ないというわけです。

ただし、上空に強い寒気が入ったり台風・熱帯低気圧が近づいたりすると、関東でも豪雨になります。あくまで一般的な傾向と考え、毎回最新の気象情報を確認するようにしてください。

3-10 積乱雲をブロックする山々

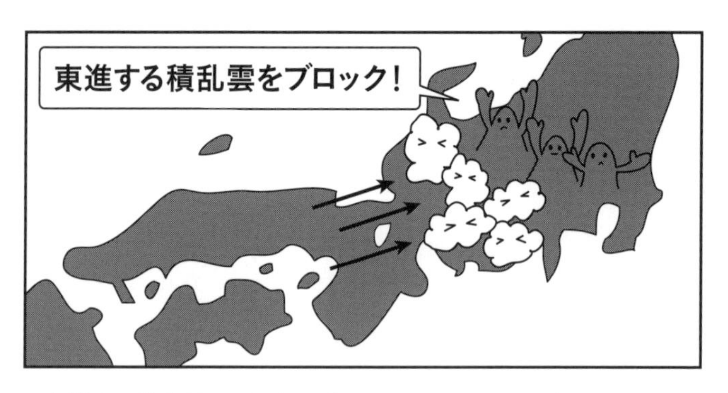

東進する積乱雲は、箱根や南アルプスをなかなか超えられない

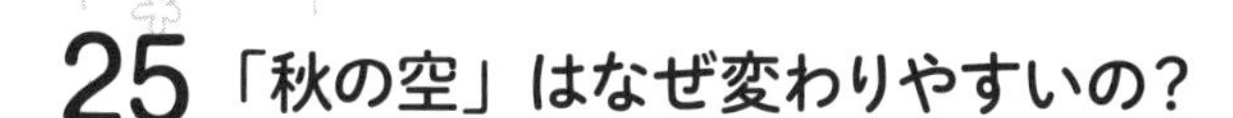

25 「秋の空」はなぜ変わりやすいの?

秋は天気が移ろいやすく、安定しないことから、人間の心理にたとえられます。夏の高気圧が弱まり、大陸から偏西風に乗って低気圧や高気圧が次々と日本の上空を通過するからです。

◎ コロコロ変わる秋の空

「女心と秋の空」とか「男心と秋の空」いう慣用句[*1]があります。そんな摩訶不思議な異性の心と同じくらい、気まぐれにコロコロ変わるように感じられるのが「秋の天気」です。

夏は太平洋高気圧におおわれ、連日安定して蒸し暑い晴天が続きます。しかし秋になると、この太平洋高気圧が弱まります。そして、上空の強い西風である**偏西風**が日本の上空を通るようなります。こうなると、低気圧や高気圧が偏西風に乗って日本列島を通過するようになり、晴れたり曇ったり雨が降ったり、と天気が目まぐるしく変わるのです。

加えて秋になって太平洋高気圧のガードが弱まると、**台風**も列島に接近しやすくなります。年によっては、夏の暑い空気と秋の涼しい空気の間に**秋雨前線**を形成して、長雨に見舞われることもあります。

また、寒候期に向かって急激に寒気が入ってくるときには、大気の状態が不安定になり、しばしば雷雨になることもあります。

*1 男性は女性の心理がわからず「なぜそんなにコロコロ気持ちが変わるのか?」と不思議に思い、一方女性も男性の心理をわかりかねて「男の心ってわからない」となる様を言い表した言葉です。

◎ 日本海側の「時雨」

やがて秋が深まると太平洋側の天気は安定してくることが多いですが、日本海側では**時雨**（しぐれ）と呼ばれる一種の「雨季」に入ります。時雨は太平洋側にはない気候なので、東京などに住む人はなかなかイメージが湧かないかもしれません。

冷たい風とともに頭上を次々と積雲や積乱雲が通過し、ひんぱんににわか雨をもたらし、ときに雷やあられをともなうという、少々荒々しい天候です。夏の夕立が何回もくり返されるイメージと考えればよいでしょう。さらに季節が進むと、時雨が雪となり、日本海側は本格的な雪のシーズンと迎えるというわけです。

このように、秋の天気は、たくさんの要素に左右されるために、移ろいやすく複雑な印象を持たれるようになったのです。

3-11　複雑な秋の天気図の例

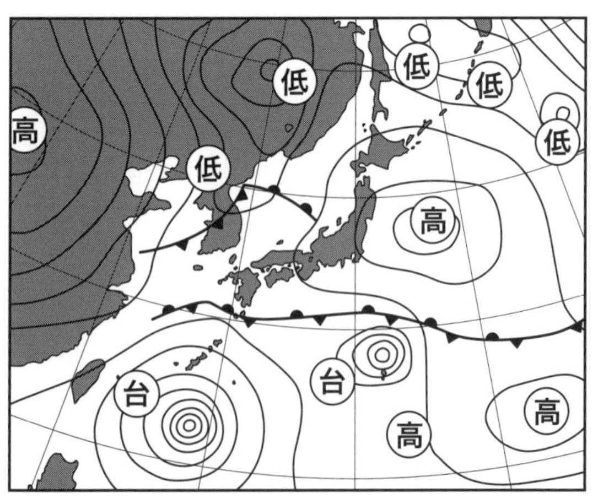

南に２つの台風、北には５つの低気圧、そのあいだをぬうように４つの高気圧があります。見ていると目が回りそうですね

26 なぜ冬の日本海側に豪雪になるの？

冬は大陸から張り出したシベリア気団（高気圧）が勢力を強めます。あまりにも寒冷なため、日本海の水は「お湯」同然。水蒸気と熱をもらって、日本海側に大雪をもたらします。

◎ 日本は世界トップクラスの豪雪地

日本海側は、世界でもトップクラスの豪雪地帯です。

これまでの積雪の世界記録は、1927年に滋賀県の伊吹山で観測した1182センチ（約12メートル）です。

でもこれで驚いてはいけません。観測地点以外では、もっと雪が深くなっている可能性すらあるのです。たとえば雪の壁の中を行く観光として有名な「立山黒部アルペンルート*1」では、雪の壁の高さが20メートルを超えているところもあるようです（除雪して作った道路なので、正確な積雪深とすることはできませんが）。

3-12 立山黒部アルペンルート「雪の大谷」

降水量で見ても、このすさまじさを垣間見ることができます。

*1 富山県中新川郡立山町の立山駅と、長野県大町市の扇沢駅とを結ぶ交通路。高い壁が可能なのは富山が豪雪地帯で湿気を含んだ雪が多く積もるためです。

3-13　降水量の比較

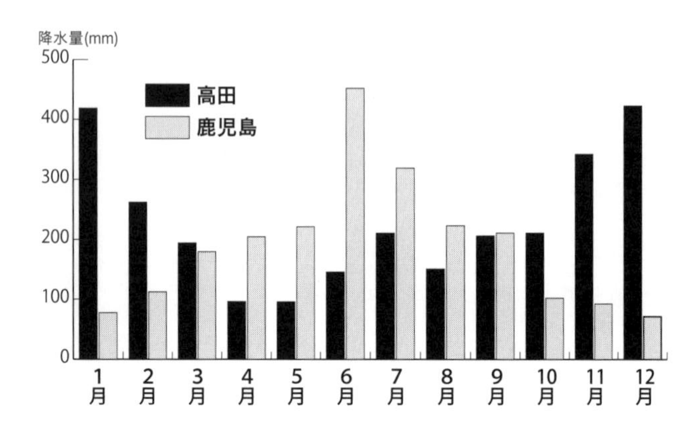

高田（新潟県上越市）と鹿児島市の平均降水量のグラフを並べてみましょう。12月、1月の高田の降水量と、6月の鹿児島を見比べてみると、大差ないことがわかります。6月の鹿児島といえば、毎年のように豪雨災害がニュースになるほど雨が降るところです。それに匹敵する降水量の雪が降るのですから驚きですね。

◎冬の日本海はお湯同然？

では、なぜこれほどまでにとてつもない豪雪をもたらすのでしょうか。その原因は、前項で述べたシベリア気団（シベリア高気圧）と日本海です。

シベリア気団が日本海を渡るときに水蒸気と熱をもらうわけですが、**寒冷なシベリア気団からすれば、日本海なんて「お湯」同**

3-14 けあらし

rik / PIXTA（ピクスタ）

海、河川、湖などの水面から、白い湯気のように霧が立ち上がる現象。「蒸気霧」とも呼ばれる。夜間の気温が放射冷却によって冷やされ、翌朝の天気が快晴であることが発生の条件とされる

然です。現に冬季、日本海から湯気が立つのがしばしば観測されます（これを「けあらし」と呼びます）。

こうしてシベリア気団は、下層から暖められることで「大気の状態が不安定」になり、日本海では積乱雲が次々に発生していきます。これらの積乱雲が北西の季節風に乗って、日本海側に押し寄せ、雷をともないながらドカ雪をもたらしていくのです。

一方で、湿った空気は山にせき止められることで、関東などでは乾燥した晴天の日が多くなります（p,084 図 3-3 参照）。

27 なぜ太平洋側でも大雪が降るの？

冬の関東や東海地方では、晴れの日が圧倒的に多いことが特徴です。ところが数年に一度、「大雪」がもたらされ、東京では都市機能が麻痺することもあります。何が原因なのでしょうか。

◎ 1日で大きく積もることがある

日本海側の地域は、世界トップクラスの豪雪地帯であることはすでに述べました。でも、ときどき太平洋側でも大雪が降ることがあります。2014年2月14日～15日が記憶に新しく、山梨県の河口湖で143センチ、甲府114センチ、、東京27センチ、横浜28センチなど、とんでもない積雪深を記録しました。とくに河口湖と甲府では､それまでの記録を大きく更新しています(甲府の2位は49cmです)。

日本海側の豪雪が､何週間もかけて積雪深を伸ばすのに対して、太平洋側の大雪は1日で一気に降ってしまうのが特徴的です。いったい何がちがうのでしょうか。

◎ 南岸低気圧

日本海側の豪雪は、シベリア気団からの寒気の吹き出しが原因でした。日本海で生じる積乱雲は､山を越えるのが大変苦手です。風向によっては名古屋や大阪、鹿児島などに雪を降らせることはありますが、関東平野は西側から北側を高い山脈にぎっちり囲まれ、雪雲が侵入することはまず不可能です。そう、関東平野の雪は、まったく別の原因によってもたらされるのです。

その原因が「**南岸低気圧**」です。春が近づいてくると、北から張り出してくるシベリア高気圧が弱まり、本州の南岸を低気圧が東進することが増えてきます。こうした低気圧は北から寒気を巻きこんで発達しながら通過するため、太平洋側にも大雪をもたらすのです。

3-15 南岸大気圧は寒気を巻き込みながら発達する

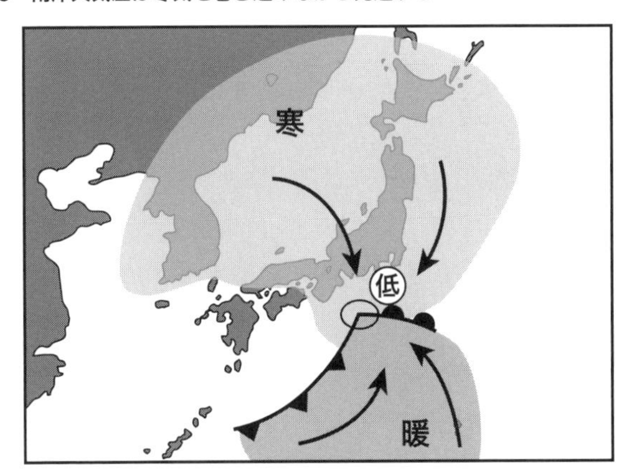

◎ 関東の大雪予報が難しいワケ

南岸低気圧での大雪予報は大変難しいのが実情です。関東地方などで雪が降るときは、いつも「雨か雪か」という微妙な気温ラインになります。日本海側のように「一日中、余裕の氷点下が予

*1 湿度、風速、上空の温度なども複雑に影響します。

想されるから、まちがいなく雪と予想」ということは滅多にありません。現に東京では、最高気温が氷点下の「真冬日」は史上4回しかなく、うち3回は19世紀の記録です。

とくにプラス2℃～0℃という気温が大変デリケートで、わずか0.2℃ちがうだけで積もり方が変わったり、他の条件も加わって1.5℃でじゃんじゃん積もるときもあれば、1.0℃でもさっぱり積もらないということもあります[*1]。

また、南岸低気圧はコースも重要です。あまり陸地に近いコースだと、降水量は多くなるものの、暖気も入って雨になることが

3-16 関東甲信に大雪をもたらした南岸低気圧

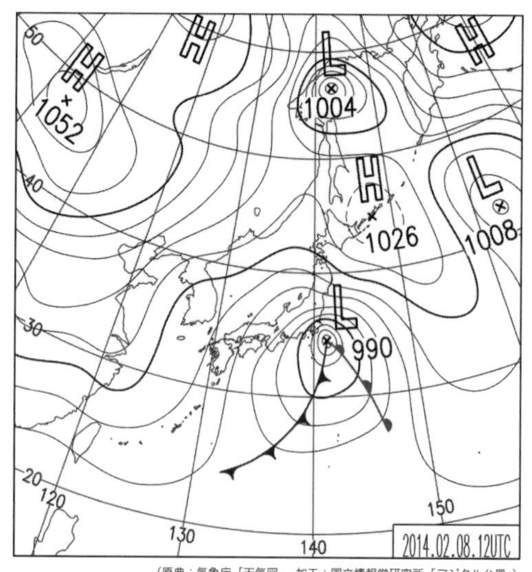

（原典：気象庁「天気図」、加工：国立情報学研究所「デジタル台風」）

*1 かつては「低気圧が八丈島より北を通ると雨、南を通ると雪」という経験則もありましたが、近年は的中率が低く、あまり参考にされなくなってきています。

多いとされます。反対にあまりに陸地から離れてしまうと、気温は低くても「まともに降らない」ことがあります。陸地に近づき過ぎず離れ過ぎず、適切な距離のときに、関東で雪が降りやすいことになるのです[*1]。

◎ 発達度合いによって大雪になる場所が変わる？

低気圧がどれくらい発達するか、も大事な要素です。発達すればするほど雲も発達する傾向にあって降水量が多くなりますし、寒気・暖気ともに引きこむ力が強くなるからです。

関東甲信地方ではおもしろい傾向があり、**低気圧がすごく発達するときには東京や山梨で大雪になり、あまり発達しないときは茨城で大雪になりやすい**のです。

低気圧の発達がはげしいと、陸地に比べて相対的に暖かい北東からの海風も引きこむので、関東東部では気温が上がってしまい、茨城などでの積雪が伸びないというわけです。

3-17 すごく発達すると関東東部では気温が上がる

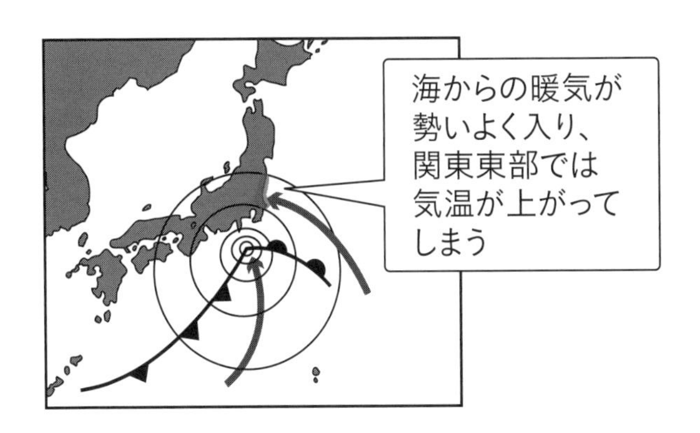

28 低温記録を生む「放射冷却」って何？

冬の雲ひとつない朝は、とても冷え込みますよね。日本の史上最低気温も、この「放射冷却」が原因でした。いったいどんなしくみなのでしょうか。

◎ 熱が宇宙に放出される

みなさんは、冬のよく晴れた穏やかな晩と、北風がびゅんびゅん吹く晩では、どちらが冷えこむと思うでしょうか。答えは、よく晴れて穏やかな晩のほうが厳しく冷えこむ、が正解です。

これは熱が宇宙空間に逃げていくことによって起こります。この現象を**放射冷却**（ほうしゃれいきゃく）といいます。

晴れて穏やかな晩であれば、地表面の熱が順調に宇宙空間に放出（放射）されていきます。そのための地表はどんどん冷えこんでいくのです。

一方で風が強いと空気がかき混ぜられるため、逃げようとした熱が地表に戻されてしまったりします。そのため、熱がそれほど宇宙空間に放出されず、大きな冷え込みにならないのです。

また、雲は熱を吸収したりはね返したりします。このため曇りの日も放射冷却は順調に進みません。

曇りや雨の日は、日射がないために日中の気温は上がりませんが、朝は暖かく感じることが多いのはこのためです。

3-18 放射冷却

宇宙にどんどん熱が逃げていく
熱
熱

寒くなるのは曇りの日より晴れの日

◎ 放射冷却でマイナス 41℃を記録

日本での極端な低温記録は、たいてい放射冷却が強まった条件下で出ます。**日本史上の最低気温は旭川でのマイナス 41.0℃**です。放射冷却が進む条件が整い、地表の熱がどんどんうばわれて、北海道の内陸がキンキンに冷えることで出た気温です。

北海道上川町の北海道アイスパビリオンでは、マイナス 41℃の極寒体験をすることができます。私も体験してきたことがありますが、ここまで冷たい空気はもはや「武器」、当たると痛かった思い出があります。

Column

コラム

3 花粉症と寄生虫の関係

現在、日本人の5人に1人が花粉症といわれれています。

春の訪れは、なんとなく人をワクワクさせる一方で、花粉症の方にとっては非常につらい季節といえます。花粉症になると、鼻水・鼻づまり・クシャミ・目のかゆみなどが長期にわたって続き、勉強や仕事に集中するどころではなくなってしまいますね[*1]。私自身は、スギもヒノキもブタクサも平気なのですが、血管運動性鼻炎と思われ、年中似た症状に悩まされるので、気持ちはよくわかります。

仏教では、数ある「地獄」の中で一番シビアな地獄を「阿鼻(あび)地獄（無間(むけん)地獄）」といいますが、その「阿鼻」とは鼻をふさがれた状態のことのようです。鼻づまりのうっとおしさはそれほどなのです！

花粉症とは、飛んできたスギ、ヒノキ、ブタクサなどの花粉が、鼻や目をコチョコチョするから起こる、のではありません。

「アレルギー反応」の一種で、「白血球の暴走」が原因です。白血球は、病原体などの異物を攻撃して体を守っている細胞ですが、ときに無害な異物に過剰反応してしまうことがあります。それが

*1 花粉症でない方は、わさびを一気に食べて鼻がツーンとした感触がずっと継続するのを連想すると、症状がイメージできるのではないかと思います。

アレルギー反応です[*2]。

スギ花粉は、前年の夏の気温が高ければ高いほど多く飛ぶ傾向があります。また、風が強い日や気温が高い日ほど飛ぶ量が多くなります。反対に、寒い日や雨・雪の日は飛散量が少ないのが一般的です。春めいて春一番が吹くような日ほど、花粉症対策はしっかりした方がよいといえます。

花粉症は、早めに薬を飲んで症状を軽減するのも有効です。「花粉症かな」と不安になったら、耳鼻咽喉科等で血液検査をし、陽性なら薬を処方してもらうとよいでしょう。加えて、規則正しい生活を心がけ、ストレスをうまくコントロールするよう努めることも大切です。白血球は、ストレスの影響を非常に大きく受けるからです。

またカイチュウやサナダムシのような寄生虫が、花粉症をはじめとしたアレルギー症状をおさえてくれるという説があります。かつて、ほとんどの日本人が寄生虫を抱えていた時代には、アレルギーに悩む人はほとんどいませんでした。しかし、清潔志向が進み、寄生虫をほぼ絶滅に追いこんでしまった結果が、花粉症の一般化というわけです。

「サナダムシを体内で飼えば花粉症が治る」という説は、毎年つらい症状に悩まされる方にとっては、心が揺れ動く話かもしれませんね。

*2　たとえるなら、「室内に人畜無害な虫が飛んでいる。そこへ警備員が大集結し、マシンガンをぶっ放しまくる。壁も窓も粉々にして『任務完了！おつかれ様！』」みたいな雰囲気をイメージすればよいかと思います。

第4章
『台風』を学ぼう

29 台風はどうやって発生するの?

台風は、暴風、豪雨、高波、高潮、落雷など多くのはげしい気象現象を引き起こします。そのため、台風は「気象現象の王様」ということができるでしょう。

◎ 積乱雲集団

台風は積乱雲が多数集まった集団で、多い年では40個近く、少ない年でも20個以上は発生します。

地球上で、積乱雲がたくさん存在する場所はどこでしょうか?

それはp,032でも述べた、赤道付近の「赤道低圧帯」や「熱帯収束帯(ITCZ)」と呼ばれている熱帯海域ですね。ここではひっきりなしに積乱雲が発生しています。同緯度にある陸地では、熱帯多雨林(セルバやジャングル)が多くなり、この地域ではほぼ毎日、はげしい雷雨に見舞われます。

4-1 熱帯収束帯

このあたりでひっきりなしに発生している積乱雲は低圧部[*1]などがあると集団をつくることがあります。衛星写真でも、低緯度にやたら大きな積乱雲のかたまりを見つけることがありますが、この下に入ったら、いったいどれほどすさまじい雨量があるのだろうかとゾッとさせられるものです。

◎ 台風とは

この積乱雲の集団が、地球の自転の影響（コリオリの力）で渦を巻き、周りの積乱雲をどんどん巻きこむようになれば、「熱帯低気圧」の誕生です。そして熱帯低気圧が発達し、中心付近の最大風速が17.2メートルを超えると「台風」と呼ばれるようになります。

台風は、熱と水蒸気をエネルギー源として発達しながら移動していきます。海水温が高いほど台風は発生・発達しやすくなりますが、その目安はおよそ**26.5℃以上**となります[*2]。

4-2　台風の発生

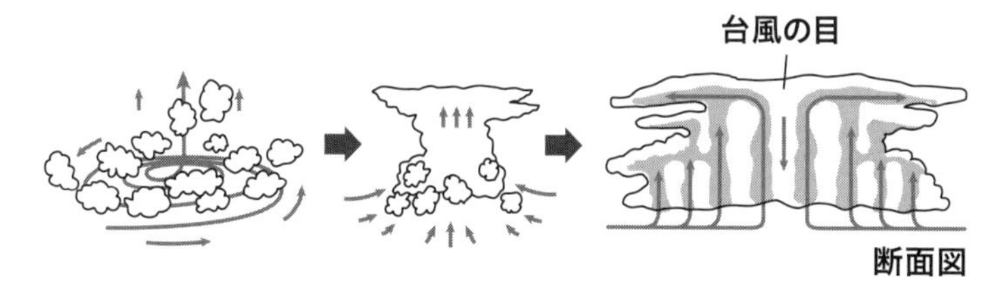

積乱雲が集合し、組織的な熱帯低気圧、そして台風へ

*1　「低圧部」は、低気圧とほぼイコールですが、中心がはっきりしない点が異なります。
*2　海水温が高いほど台風が発生・発達する理由は、海水温が高いほど海面からの蒸発が活発になり、台風の「エサ」となる水蒸気が豊富になるからです。

なお、ハリケーン、サイクロンは、物理的には台風と同じものですが、存在域が異なります。ハリケーンが西進して日付変更線を超えると、「台風」と名前が変わったりします。

4-3　台風・ハリケーン・サイクロン

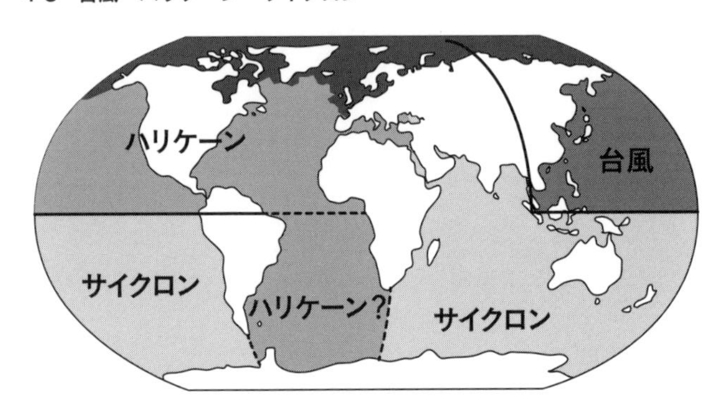

存在域ごとに呼び名を変えているすぎず、「熱帯低気圧が発達したもの」という点ではどれも同じです（ただし定義は少しずつちがいます）。

◎ 台風は赤道を越えられない

ところで、どんなに強大な台風でも絶対にできないことがあります。それは赤道を超えることです。

台風は地球の自転の影響により、北半球で反時計回りの渦となります。しかし南半球では反対の時計回りの渦になります。

つまり、北半球と南半球では渦の回転方向が異なることから、赤道をまたいで移動することはないのです。

なお「台風は赤道直下の積乱雲が集まってできる」と述べましたが、正確には南北に少しはずれた位置で発生することのほうが一般的です。あまりに赤道に近すぎると、積乱雲があっても**コリオリの力**[*3]が小さく、渦が形成されないからです。

◎ 赤道直下には台風が来ない？

熱帯雨林気候の都市にシンガポールがあります。シンガポールでは毎日のようにはげしいにわか雨や雷雨に見舞われるため、折り畳み傘が欠かせません。街自体もアーケードなどが多く、突然の雨をしのぎやすくなっているのが印象的です。

ところがシンガポールでは、台風が発生することはありません。ほぼ赤道直下なのでコリオリの力が小さく、どんなに積乱雲が多発しても、渦を巻くことがないからです。

4-4　北半球と南半球でちがう渦の巻き方

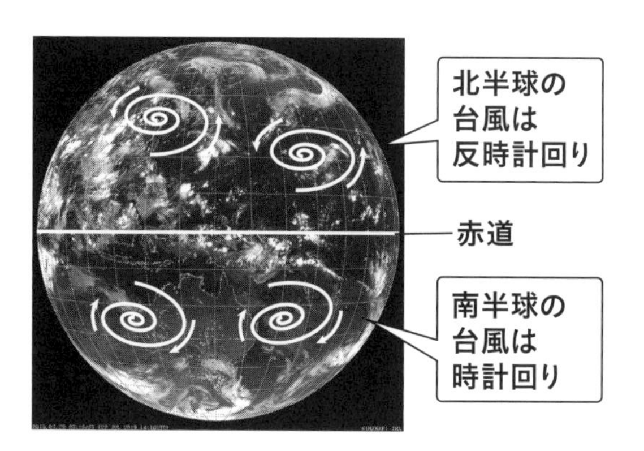

*3　物体はまっすぐ進んでいても、地球が自転している影響で、右に曲がって進んでいるように見える。このような、物体を右に曲げる「仮想の力」をコリオリの力と呼ぶ。日常のキャッチボールなどでは実感できず、何百キロ、何千キロという大規模なスケールの運動でないと認識しにくい。

30 台風の雲の厚さは何キロくらいある?

台風は近づくつれて雨の降り方が大きく変わります。滝のように降ったと思ったら、じきに日が差したりといったことも起きます。いったいどんな構造になっているでしょうか。

◎ 高さは20キロメートルに達する

これまで述べてきたように、台風は積雲[*1]や積乱雲の集団で、それらが渦を巻くようにして並んでいます。一般に中心に近づくほど、より背が高く発達した積乱雲になることが多く、その**雲の高さは20キロ近くに達する**ことがあります（一般的な雨雲はせいぜい数キロほどです)。

中心には「眼」と呼ばれる雲がないエリアがあり、眼をとりかこむようにしてひときわ発達した積乱雲が壁のようにそびえたっています。

ここからは台風が近づいてくるときの天気変化を、その構造を見ながら考えてみましょう。

◎ 台風の構造

A：アウターバンド（外側降雨帯）

台風の中心に向かって巻きこむように形成された積乱雲群を「**スパイラルバンド**」といいます。そのうち、中心から200～600キロ付近にあるのが「アウターバンド」です。台風が襲来す

*1 積雲は晴天の日によく見られる、綿のようなモコモコとした雲。積雲自体は、短時間のにわか雨を降らせる可能性がある程度ですが、大気の状態が不安定だと、雄大積雲（カリフラワーのような入道雲)、積乱雲（かなとこ雲をともなう）へと発達していくおそれがあります。

る前触れで、「これから台風がくるぞ〜」と緊張し始めるタイミングです。秋雨前線や梅雨前線と合体すると、これだけで1日に数百ミリの記録的大雨になってしまうことがあります。

B：インナーバンド（内側降雨帯）

続いて、中心から200キロ以内にある活発な積乱雲の帯が「インナーバンド」です。しばしば雷をともない、滝のような雨が突然降ったと思ったら日が差したり……と大変忙しい天気になります。空を見上げると、雲が猛スピードで走っているのがわかるでしょう。

C：アイウオール

眼（eye）を取りまく壁（wall）のような雲のエリアです。猛烈に発達した積乱雲が、壁のようにそびえ立っています。ここに入ると、いよいよ猛烈な暴風雨となり、1時間に100ミリや150ミリというとんでもない豪雨と暴風をともなうこともあります。

4-5　台風の模式図

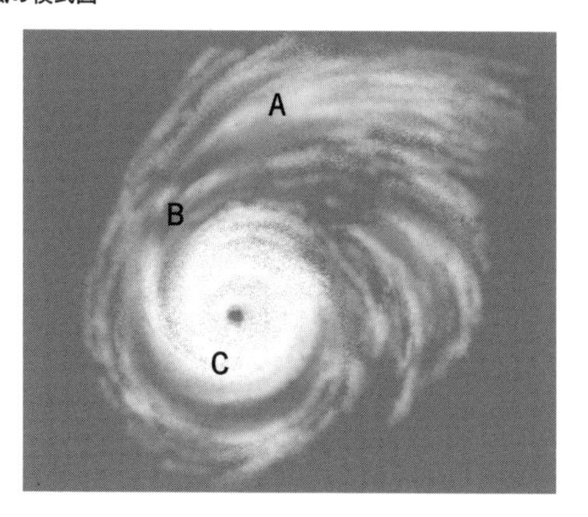

4-6　台風の断面図

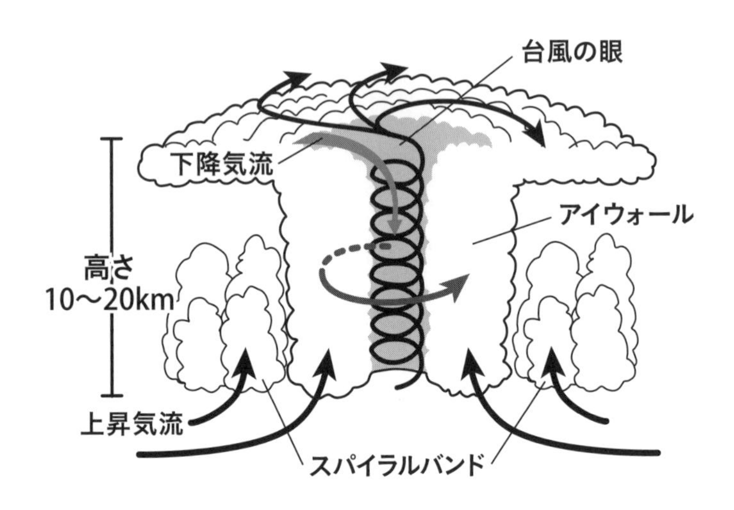

台風の眼	下降気流がみられ、雲がなく風雨も弱くなります。眼の直径はおよそ 20 〜 200 キロメートルに及びます。台風の眼が小さく、はっきり見えると台風の勢力は強くなります。
アイウォール	台風の眼の周囲はアイウォール（eyewall）と呼ばれ、非常に発達した積乱雲が壁のように取り巻いています。そこでは、猛烈な暴風雨となっています。
スパイラルバンド	アイウォールのすぐ外側には、やや幅の広いスパイラルバンド（降雨帯）があり、はげしい雨が連続的に降ります。

31 なぜ台風には「眼」があるの?

「強い台風」といえば、気象衛星の画像にはっきりと映る「台風の眼」が印象的です。この「眼」はいったいどのようにして生まれるのでしょうか。

◎ 遠心力って何？

遊園地にある定番のアトラクションのひとつに「コーヒーカップ」があります。絶叫系のアトラクションが好きな人だと、「回さなきゃ損」と言わんばかりに、ついつい夢中になってカップを回してしまうものです。

ここで、そのときのことをちょっと思い出してみましょう。コーヒーカップが高速で回転すると、体がカップの縁にギュッと押しつけられるようになって痛かった経験はないでしょうか。

4-7　遊園地のコーヒーカップ（イメージ）

みっかん / PIXTA（ピクスタ）

このときにはたらいている力が「遠心力」です。遠心力は物体が回転運動をするときに、円の中心から外側に向かって押し出すようにはたらく力です。じつは台風にも同じ力がはたらいているのです。

◎ 台風の眼と遠心力

前項で述べたように、台風は中心に向かって勢いよく風が吹き込みます。さらに地球の自転の影響で渦を巻くため、人口衛星から見ると渦巻状に雲が並んでいるように見えます。

渦を巻くということは、回転運動がはたらいている証拠です。つまり、**台風にも「遠心力」がはたらいている**のです。とくに風速の大きな台風の中心付近では遠心力が顕著になり、外側へと押しつけられるようなエリアが形成されます。これがまさに、台風の「眼」です。

「眼」がはっきりと見える台風は、風速が大きく、発達しています。一方、台風が弱まって風速が小さくなると、「眼」ははっきりとわからなくなってしまいます。

◎ 中心は穏やか

眼の中は遠心力がはたらいて、積乱雲も暴風も侵入できず、晴れて穏やかな天気になっていることすらあります。

ただ、眼を取り巻くようにアイウォール（p,115参照）と呼ばれる積乱雲の壁がそびえ立っているために、台風が少し動けばふたたび暴風雨になってしまいます[*1]。

*1　もっとも、南西諸島以外に接近する台風は勢力が衰えて眼の構造がはっきりしないことが多く、なかなか体験する機会がないのが実際のところでしょう。

4-8　台風の眼

2016 年 10 月 3 日の台風 18 号（出典：気象庁ホームページ）

◎ 中心気圧はどうやって測っている？

かつて、台風の中心気圧は実測していました。1987 年 8 月までは、米軍の台風観測用の飛行機で台風の中心まで突入し、**上空から気圧計を落下させて中心気圧を測定していた**のです。しかし、コストがかかるうえにきわめて危険な観測のために廃止されました。

今では、衛星画像で見る雲パターン（渦巻きの形、眼の形や大きさなど）から中心気圧を推定しています[*2]。

*2　これを「ドブラック法」といいます。気象衛星が可視光と赤外線で撮影した画像を利用して推定します。

32 台風の強い風はどうやって生まれるの？

水が高いところから低いところへと流れるように、空気も、気圧が高いところから低いところへと流れます。台風の中心付近は気圧がきわめて低く、周囲の風が勢いよく吹き込みます。

◎ 強風が生まれる理由

前にも述べたように、台風は低気圧の一種で、しかも中心気圧がきわめて低くなっています。つまり、**周りの空気は、台風の中心に向かって勢いよく流れこむ**ことになります。

水にたとえれば、海に突如、深さ1キロの大穴が開いたようなイメージです。きっとナイアガラの滝のごとく、すさまじい勢いで水が穴へと流れこむことでしょう。

これと同じことが空気で起こっているのが台風です。台風接近時に強風や暴風が起きる理由もこれと同じなのです。そして勢い

4-9　空気は気圧が低いほうへ流れこむ

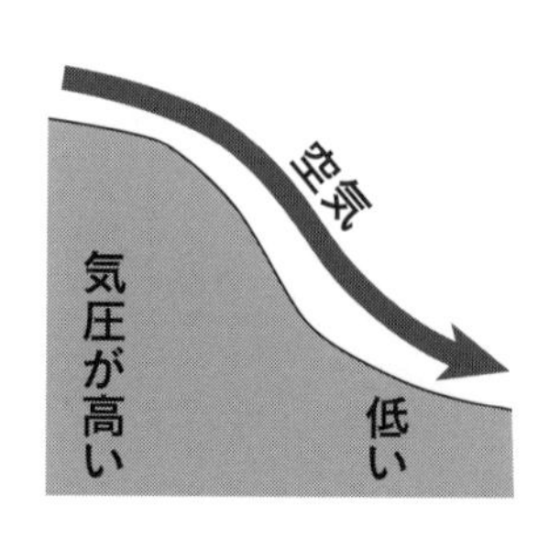

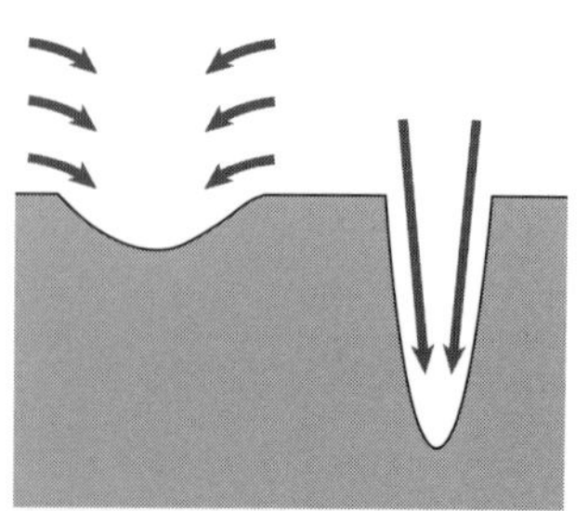

左のように浅い穴では、流れこむ速度が小さいが、右のように深くて傾斜が急な穴には勢いよく流れこみます。

よく吹きこんだ暴風は、中心付近で衝突し、はげしい上昇気流を生じて、積乱雲をつくっていくというわけです。

◎ 台風の中心気圧と風速

台風の中心気圧により、おおよその風速を見積もることができます。「中心気圧」にこだわって報道されるのは、こうしたことが一因でもあります。

4-10　台風の中心気圧と勢力イメージ

中心気圧	勢力イメージ
1000hPa	東京に来る平均的な低気圧 中心付近は風速 15m/s くらいのことが多い
980hPa	東京で数年に一度経験する暴風雨 中心付近は風速 25m/s くらいのことが多い
960hPa	キティ台風レベル。かなり緊張すべき台風 中心付近は風速 35m/s くらいのことが多い
940hPa	北日本、東日本ではまれ、記録的な暴風雨のおそれ 中心付近は風速 45m/s くらいのことが多い
930hPa	5000 名超の犠牲者を出した伊勢湾台風レベル（上陸時） 中心付近は風速 50m/s くらいのことが多い
920hPa	アメリカ史上最悪のハリケーン「カトリーナ」レベル 中心付近は風速 55m/s くらいのことが多い
895hPa	2013 年にフィリピンを襲ったスーパー台風 中心付近は風速 90m/s くらいのことが多い
870hPa	史上最強の台風

33 「大型台風」と「強い台風」のちがいって何？

台風が近づいてきたときに気になることといえば、その「大きさ」と「強さ」でしょう。それぞれどのような定義になっているか見ていきます。

◎ 台風の「大きさ」と「強さ」

気象情報をよく聞いていると、「強い台風」「大型の台風」「大型で強い台風」などど表現していることがわかります。これはどうちがうのでしょうか？

格闘技では、体重によってライト級、ミドル級、ヘビー級などに分けられますが、スーパーヘビー級に属する選手だからといって、必ずしも強いとは限りません。あくまでサイズだけを見て分類したのが「大きさ」による分類です。

風速が 15 メートル以上で半径が 500 キロ以上 800 キロ未満のものを**「大型の（大きい）台風」**、風速が 15 メートル以上で半径が 800 キロ以上のものを**「超大型の（非常に大きい）台風」**と定義しています [*1]。

大きさとは別に、「強さ」によっても分類されます。

中心付近の最大風速が 33 メートル以上 44 メートル未満の台風を**「強い台風」**、最大風速が 44 メートル以上 54 メートル未満

*1　2000 年以前は「中型」「小型」「ごく小さい（超小型）」というカテゴリも存在しました。
*2　同じように強さについても、2000 年以前は「並みの強さ」「弱い」というカテゴリが存在しました。

のものを**「非常に強い台風」**、54メートル以上のものを**「猛烈な台風」**と定義しています[*2]。たとえば「大型」と「強い」の条件を両方満たすと、「大型で強い台風」と呼ばれます。

4-11　台風の強さと大きさ

大きさ	半径
大型	500km 以上、800km 未満
超大型	800km 以上

強さ	最大風速
強い	33m/s 以上、44m/s 未満
非常に強い	44m/s 以上、54m/s 未満
猛烈な	54m/s 以上

◎「腐っても台風」

かつて、台風の風速（17.2メートル以上）に満たない熱帯低気圧は「弱い熱帯低気圧」と呼んでいました。ところが1999年、この「弱い熱帯低気圧」が大きな災害を引き起こし、この呼び名は油断をまねくとして使用しないことになりました[*3]。

*3　気象関係者のあいだでは「腐っても鯛（たい）」という言葉をもじって「腐っても台風（弱くても台風）」といって、台風を甘く見ることがないよう戒めています。（「腐っても鯛」とは、「（鯛のように）すぐたものは、多少傷んでも本来の価値を失わない」といったたとえで使われる表現です）

34 台風の進路はどうやって決まるの？

台風の進路を見ていると、西進していたのに急にUターンし、まるで狙ったかのように日本にやってくることがよくあります。なぜ台風は突然進路変更して日本にやってくるのでしょうか。

◎ 台風の進路を決めるもの

そもそも台風は低気圧の仲間ですから、高気圧が苦手です。

赤道に近い熱帯収束帯（ITCZ）で生まれた台風は、日本の南東にドンと構えた「太平洋（小笠原）高気圧」と呼ばれる巨大高気圧に行く手をはばまれ、これを避けるように北西方向へと進んでいきます。

ある程度北上し、日本に近づくと、今度は上空を「偏西風」と呼ばれる強い西風が吹く緯度に達します。こうなると偏西風に流

4-12　一般的な秋台風の経路図

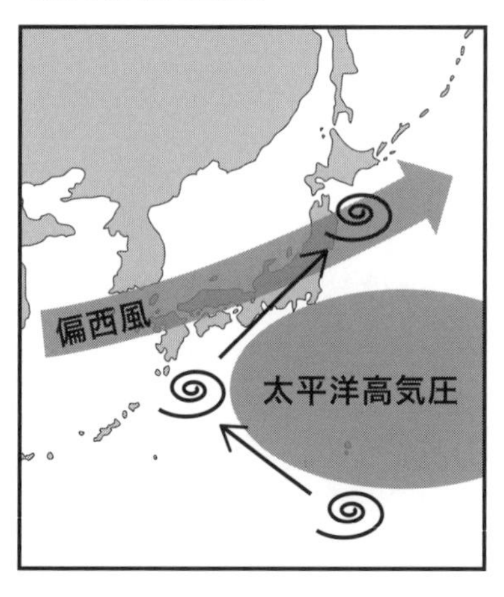

されて、東寄りへと進路を変えます。このとき、まるで「Uターンして日本にやってくる」ように見えるわけです。

西進しているときは、とくに風に乗っているわけではないので、移動速度は遅く、自転車並みか、ときには歩くスピードより遅い場合もあります。しかしいざ東進し始めると強い偏西風に乗って急加速し、それまでの10倍以上の速さになることもあります[*1]。

◎「迷走台風」

複雑な動きをする台風もあります。たとえば2018年に発生した台風12号は、太平洋上から伊豆諸島に接近したあと、進路を西にとって三重県に上陸しました。その後も西進して九州を南下し、さらに大陸方面に進んだのです。このように、行く手をはばまれて複雑な進路をとる台風は「迷走台風」などと呼ばれます[*2]。

4-13　行く手をはばまれた台風

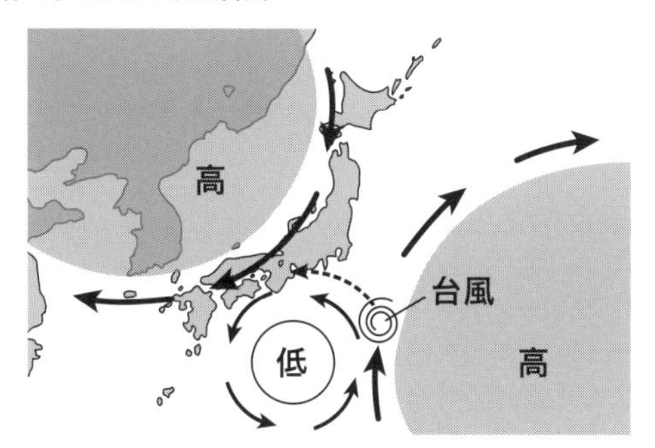

時計回りの高気圧と、日本の南にあった寒冷渦（低気圧）がつくる反時計回りの風に乗って移動した

*1　台風の進路を決めるものにはこのほかに、他の台風や低気圧の干渉を受けて複雑な動きをする「藤原効果」などがあります。

*2　ただし、気象庁はこの「迷走台風」という呼び名について、「台風が迷走しているわけではないので用いない」としています。

35 なぜ進行方向の“右側”で風が強まるの？

台風には「雨台風」と「風台風」があります。風台風は日本海側を進むことが多く、偏西風に乗って猛烈なスピードでかけ抜ける傾向があります。とくに進行方向の右側では要注意です。

◎ 雨台風と風台風

さまざまな災害を引き起こす台風ですが、台風にも個性があります。雨の被害が目立つものや、風の被害が目立つ台風などがあります。前者を**雨台風**、後者を**風台風**と呼ぶことがあります。

大まかな傾向として、**速度が遅いと雨台風になる**傾向にあります。台風にともなう積乱雲が長時間かかり続けるためです。

また　**太平洋側を通る台風は雨台風、日本海を通る台風は風台風**になりやすい傾向もあります。太平洋側を通る際には、太平洋上から湿った空気が流れ込んで水分が豊富になり、日本海側を通る際には偏西風の影響を受けるからです。

◎ 進行方向右側で風が強まる

よく台風の進行方向右側では風が強くなって危険、といった話を聞かないでしょうか。これは台風そのものの風と台風が移動する方向が重なるためです。

日本海を台風が進む場合は、日本列島の大部分が台風の進行方向右側になります。さらに、このコースをとる台風は、偏西風に

4-14　いろいろな台風

台風の名前	特徴
狩野川(かのがわ)台風 (雨台風)	1958年9月27日に三浦半島から東京を直撃した。最盛期には米軍機の観測で877hPaと驚異的。日本に近づくにつれ急激に衰えたので、風の被害は少なかったが、雨による被害が甚大。東京の24時間降水量392.5ミリはダントツで史上1位（2位は284.2ミリ）。
カスリーン台風 (雨台風)	1947年9月15～16日、東海道沖から房総半島の南端をかすめて進んだ。秋雨前線を活発化させ、内陸部では総降水量が600ミリを超える。荒川や利根川が決壊し、関東地方に大水害をもたらした。
リンゴ台風 (風台風)	1991年9月27～28日にかけて、長崎県佐世保市に上陸した後、日本海を猛スピードで進み、北海道渡島半島に再上陸した。青森市ではダントツで史上1位の最大瞬間風速53.9m/sを観測し、収穫間際だったリンゴが多数落下するなどの被害が出た。
洞爺丸(とうやまる)台風 (風台風)	1954年9月26日頃鹿児島湾から大隅半島北部に上陸し、中国地方を時速100キロで横断、日本海に進んでさらに発達しながら北海道稚内市付近に達した。広い範囲で暴風が吹き荒れ、洞爺丸を始め5隻の青函連絡船が暴風と高波で遭難。洞爺丸の乗員乗客1139名が死亡するなど日本史上最悪の海難事故をもたらした。

乗って猛烈に加速していることがしばしばあります。そうなると、進行方向右側では風が一段と強められることになります。

リンゴ台風や洞爺丸台風も、このコースを時速 80 〜 100 キロの猛スピードでかけ抜けました。

4-15　雨台風、風台風の進路図

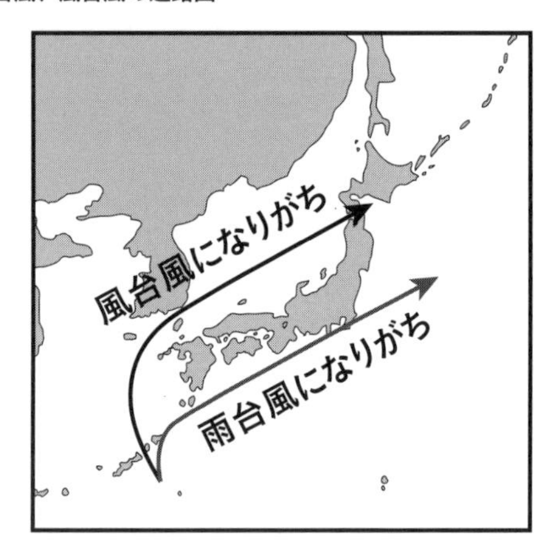

4-16　進行方向の右側は危険

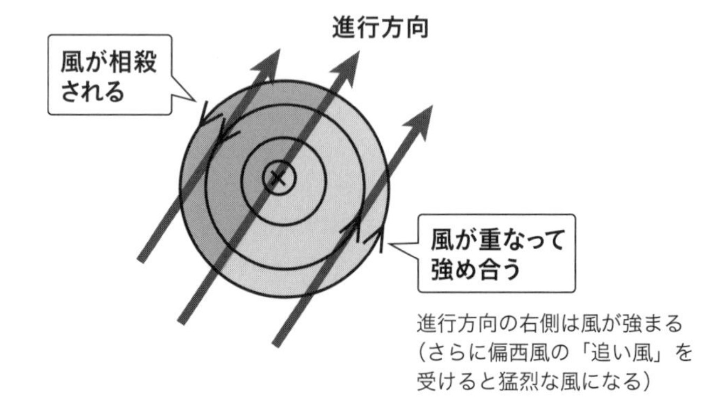

36 なぜ台風は上陸すると衰えるの？

海上ではきれいな渦を巻き「眼」もはっきり見えていた台風も、上陸したとたんに形がくずれていくことがほとんどです。いったいなぜなのでしょうか。

◎ 台風のエネルギー源って何？

海上では不気味に渦を巻き、大暴れしていたかに見えた台風が、上陸したらまたたく間に勢力を失ってショボクレてしまうのには大きく２つの理由があります。

そもそも**台風のエネルギー源は、「水蒸気」と「熱」**です。熱帯地方で熱を得て高温になった空気は、上昇気流を加速させ、積乱雲をどんどん生み出して台風を発達させるのです。

しかし、海上では大量の水蒸気によってエネルギーを蓄えることができても、陸上に進むと、エネルギー源である水蒸気が絶たれてしまいます。そのために急速に勢力が衰えることになります。これが上陸後に勢力が衰える１つ目の理由です。

◎ なぜ上陸すると形がくずれる？

２つ目の理由は、陸地が海上に比べて“でこぼこ”しており、**台風の風と地表面とのあいだに大きな「摩擦」が発生すること**にあります。摩擦によって台風の渦巻き構造が壊れてしまい、勢力が弱くなるというわけです。

ただし雲がばらけることで、中心から離れたとんでもないところではげしい雨が降ることもあるので注意が必要です。

4-17　上陸前の台風

出典：ひまわりリアルタイム Web

4-18　上陸後の台風

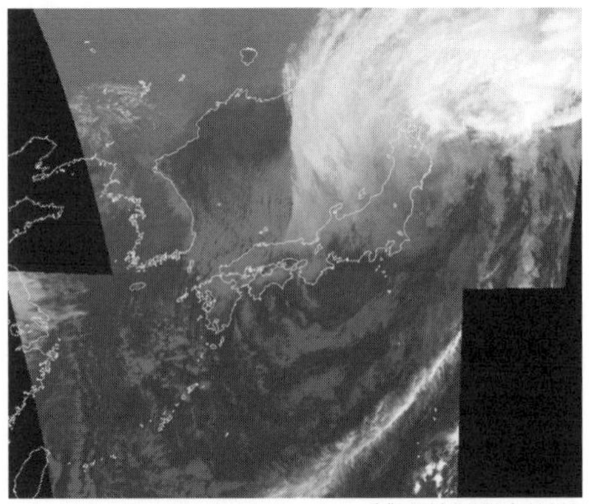

出典：ひまわりリアルタイム Web

37 台風は温帯低気圧に変わっても弱まるとはかぎらない？

なんとなく「台風が温帯低気圧に変わればもう大丈夫」と思っていないでしょうか。じつはそれは誤解で、温帯低気圧になってから発達することもあるので注意が必要です。

◎ 温帯低気圧に変わっても発達することがある

台風は、赤道直下の高温多湿な空気（赤道気団）でできた渦巻きです。このときの台風は暖気のみでできているため、前線をともなうことはありません。

しかし、台風が北上して中高緯度に達すると、寒気にぶつかることがあります。そうなると、台風の暖気との間に「前線」が形成され、やがて温暖前線と寒冷前線をともなった一般の低気圧（温帯低気圧）に変わっていきます。

4-19　台風と温帯低気圧

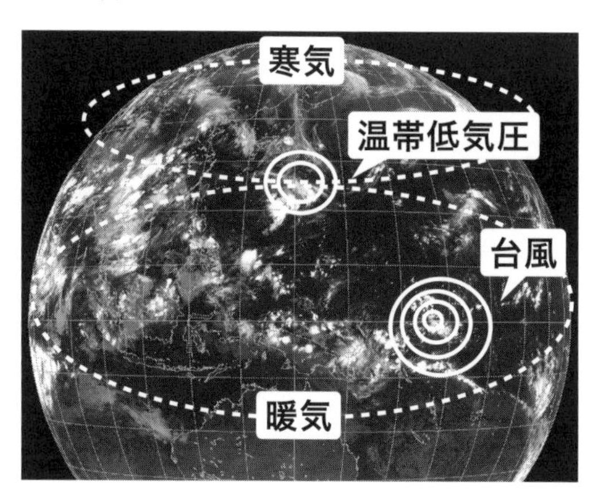

ただし台風が温帯低気圧へと変わる際は、**あくまで「構造が変わる」だけであって、必ずしも「弱まる」ことを意味するわけではありません**。むしろ温帯低気圧となって再発達することさえあります。

◎ 温帯低気圧の特徴

台風は、暴風域や強風域、はげしい雨の範囲が中心近くにギュッと詰まっています。一方で、温帯低気圧は、一般に雨量や風速は台風ほどではないものの、範囲がより広いのが特徴です。

このため、台風が温帯低気圧に変わると、**暴風や大雨への警戒が必要な地域はむしろ広くなる**と考えたほうがいいでしょう。

また、最盛期には「大きさの修飾語なし（かつての「中型」や「小型」、「超小型」）」であった台風が、中高緯度に達して温帯低気圧へと変わる直前に「大型」「超大型」になる例もあるので油断はできないのです。

4-20　風雨の分布イメージ

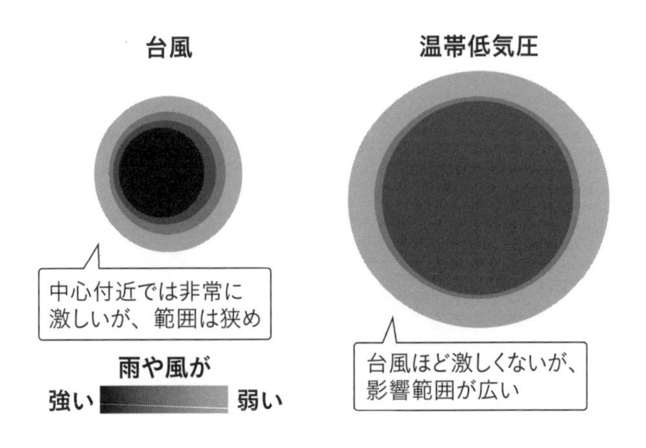

38 台風はどんな被害をもたらすの？

台風はさまざまな被害をもたらします。雨や風によるもののほかにも、高潮やうねり、塩害やフェーン現象など、非常に多岐にわたります。

◎ 台風からの湿った風が大雨をもたらす

これまで述べてきたように、台風は発達した積乱雲の大集団ですから、近づいてくれば当然大雨や豪雨をもたらします。

また台風は、赤道直下の高温多湿な空気のかたまりという見方もできます。台風からの湿った風が入れば、**台風を取り巻く積乱**

4-21　東海豪雨の際の天気図（2000 年 9 月 11 日）

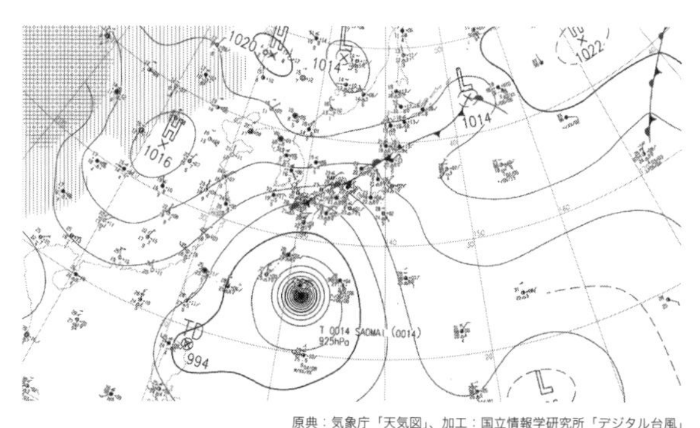

原典：気象庁「天気図」、加工：国立情報学研究所「デジタル台風」

東海豪雨[*1]は日本のはるか南、沖縄の南東付近にある台風 14 号からの湿った暖かな風によってもたらされました

*1 「東海豪雨」は 2000 年 9 月に名古屋周辺で起こった集中豪雨。名古屋市で 1 時間に 97 ミリ（総雨量 567 ミリ）、東海市で 1 時間に 114 ミリ（総雨量 589 ミリ）という記録的な雨量を観測しました。

雲が直接かからなくとも、集中豪雨の引き金となることがしばしばあるのです。

◎ 高潮・高波・うねり

また台風は中心気圧がきわめて低いことにより、暴風や高潮をもたらします。

高潮とは、気圧が低くなることにより海面を上からおさえる空気の力が小さくなり、海面が盛り上がる現象です。ひどい場合には防波堤を超え、陸地へ海水が侵入して浸水などを引き起こします。被害状況としては「津波」に似ています。

4-22　高潮発生のメカニズム

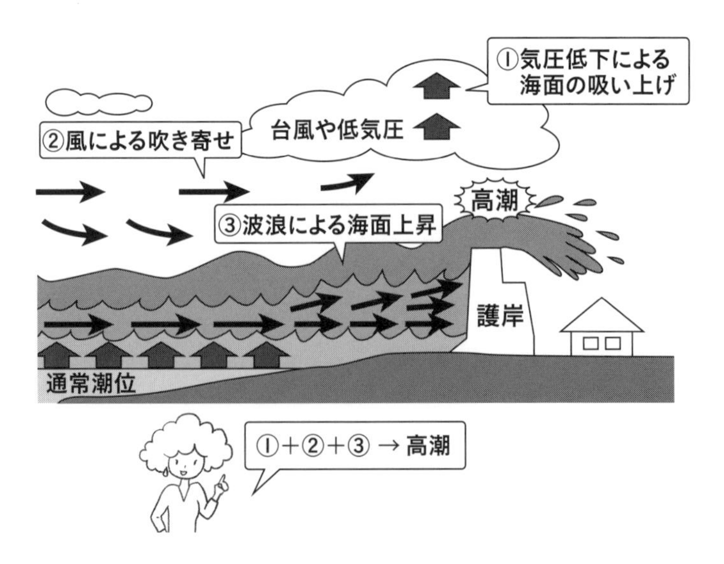

また、暴風により「高波」「うねり」もともないます。

うねりとは、台風が遠く離れている段階から打ち寄せる独特の波です。一般の波（風浪）に比べて「波長」が長いことが特徴で、しばしば海水浴客などの水難事故の原因にもなります。

俗に「お盆を過ぎてから海に入ると、あの世に足を引っ張られる」と言われることがありますが、これはお盆を過ぎると南海上に台風が存在する確率が高くなり、うかつに海水浴に行くとうねりに襲われるおそれがあることをことを示していると考えられます。

4-23　いろいろな波長の波（イメージ）

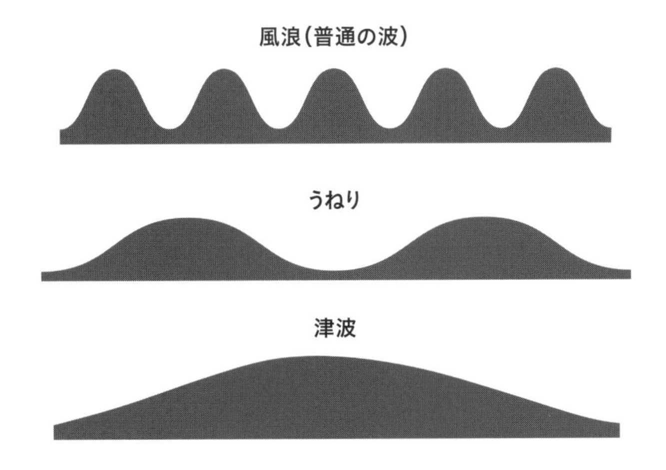

◎ ほかにもある、台風のいろいろな影響

ここからは、少し変わった台風による影響も紹介します。

2018年に、関東地方の沿岸地域では大規模な**塩害**が発生しました。台風24号によって海からの南寄りの暴風が吹いたため、海水の塩分が内陸までまき散らされ、植物が相次いで枯れてしまう被害が出ました[*2]。

また、送電線に塩分が吹きつけられたことで、本来は絶縁である場所にも電流が流れやすくなり、火花が散ったり、火災にまで発展する例もありました[*3]。

暴風が**フェーン現象**を起こして、異常高温になることもあります。1991年9月28日、富山県泊(とまり)では、日本海を通過中の台風（いわゆる「リンゴ台風」として名を残しています）によってフェーン現象が起き、深夜になんと36.5℃を記録しました。9月の末、しかも真夜中に突然観測されたことで当時は話題になりました。

このように、台風はさまざまな気象現象を引き起こし、ときに私たちの生活に思いがけぬ被害をもたらすのです。

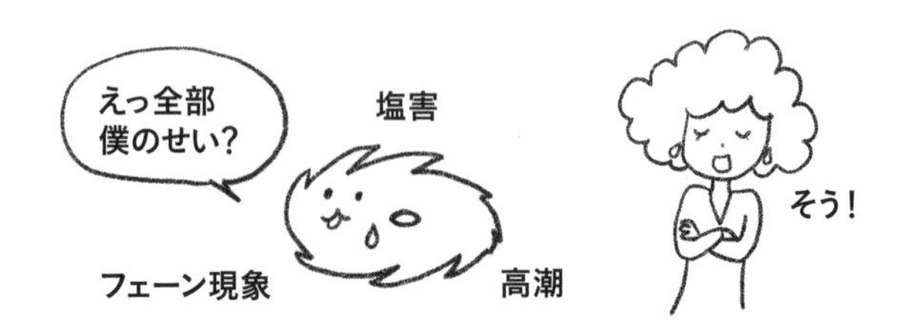

*2　砂浜などに生える一部の種を除いて、植物は塩化ナトリウムにきわめて弱いのです。
*3　真水とちがって食塩水は電気を通します。

Column
コラム
4 気象災害への備え方

◎「注意報」「警報」「特別警報」のちがい

現在は、いずれも市町村別に発表されます。

基準は地域によって異なり、10センチの積雪で大雪警報が出る地域もあれば、50センチでも出ない地域もあります。

頻度も地域によって大きな差があり、冬季、太平洋側では乾燥注意報が出っぱなしですが、日本海側では雷注意報や大雪注意報が出っぱなしです。

東京での暴風雪警報はめずらしいですし、融雪注意報は「処女注意報」です。それでは、注意報、警報、特別警報のちがいを見てみましょう。

注意報

気象災害が起こるおそれがある場合にその旨を注意しておこなう予報です。トーンとしては、「気象災害に気をつけてね」くらいのニュアンスです。

注意報には風雪、強風、大雨、洪水、大雪、雷、乾燥、濃霧、霜、

なだれ、高潮、波浪、低温、着雪、着氷、融雪があります。

警報

重大な気象災害の起こるおそれのある旨を警告しておこなう予報です。トーンとしては、「気象災害に十分警戒せよ」くらいのニュアンスで、発表されるとマスコミは字幕などで周知します。

警報には暴風、暴風雪、大雨、洪水、大雪、高潮、波浪の警報があります。

特別警報

2013年8月30日より開始し、数十年に一度の異常事態で、甚大な気象災害の起こるおそれが著しく大きい場合に、その旨を示しておこなう警報です。トーンとしては、「命守れ！」くらいのニュアンスです。

特別警報には暴風、暴風雪、大雨、洪水、大雪、高潮、波浪の警報があります。

このうち、「大雪特別警報」は一度も出されたことがありません。2014年の関東甲信地方の豪雪や、2018年の大寒冬でも出ませんでした。さらに、仮に「38豪雪[*1]発表レベル」が再来しても出ないことになり、特別警報の発出基準そのものを見直す必要がありそうです。

*1 「38（サンパチ）豪雪」とは、1963年（昭和38年）に全国を襲った、戦後を代表する豪雪。北陸では平野部でも積雪が300センチを超え、孤立する集落がたくさん出た。住宅被害も甚大。

◎「避難準備」「避難勧告」「避難指示」のちがい

災害が発生するおそれがあるときに、自治体から市民に「避難準備（高齢者等避難開始）」・「避難勧告」・「避難指示（緊急）」を発令する場合があります。「自らの身を守る」ために、これらのちがいをあらかじめ理解しておきましょう。

人的被害の可能性は、「避難準備・高齢者等避難開始」＜「避難勧告」＜「避難指示（緊急）」と高くなっていきます。

避難準備（高齢者等避難開始）

警戒レベル3。お年寄り、体の不自由な人、子供など避難に時間がかかりそうな人やその支援者は、避難を開始しましょう。その他の人も、避難の準備を整えましょう。

避難勧告

警戒レベル4。速やかに安全な場所へ避難をしましょう。人的被害の発生する危険性が明らかに高まった状況のときに発令されます。

避難指示（緊急）

警戒レベル4。速やかに安全な場所へ避難をしましょう。人的被害の発生する危険性が非常に高いと判断されたとき、または、すでに人的被害が発生した状況のときに発令されます。

災害から身を守るために（大雨の場合）

出典：気象庁「特別警報リーフレット」 *http://www.jma.go.jp/jma/kishou/know/tokubetsu-keiho/image/leaflet2.pdf*

第５章
『気象災害・異常気象』を学ぼう

39 なぜ「ゲリラ豪雨」は増えている？

「ゲリラ豪雨（雷雨）」とは、突然降ってくるはげしい雨や雷雨のことをいいます。マスコミがつくった言葉で、気象用語ではありません。

◎ 数値予報の限界

最近「ゲリラ豪雨（雷雨）」という言葉をよく耳にします。これは集中豪雨の一種で、突発的で正確な予測が困難な局地的大雨を表現したものです[*1]。

ところで一部の気象予報士や予報官は、「ゲリラ豪雨」「ゲリラ雷雨」という言葉を好みません。きちんと根拠があって予報できたのだから「ゲリラ」ではないからです。

しかし、多くの人は「午後はところどころで雷雨になるでしょう」なんていうアバウトな予報には満足できないもの。このあたりは数値予報[*2]の限界であり、気象業界の今後の課題といっていいでしょう。

◎ きっかけはささいなことも

さて、**ゲリラ豪雨は、発達した積乱雲や集団化した積乱雲によってもたらされます**。大気の状態が非常に不安定だと、積乱雲は短時間に猛スピードで発達します。遠くから見ていると、まるで巨大なキノコの成長を早送りで見るようです。こうした雲の下で

*1　2008年に新語・流行語大賞トップ10に選出されています。
*2　数値予報とは、コンピュータで計算することで、将来の大気の状態を予測する方法。気象庁では科学計算用の大型コンピュータを使用している。詳しくはp,201を参照。

は、数十分前まで晴れていたのに、突然はげしい雨が降ってびっくりすることになるのです。

積乱雲が急激に発達するには温かく湿った空気が大量に存在し、この空気がぶつかり合うなど、なんらかのきっかけで上昇気流を生じる必要があります。

この「きっかけ」は台風や前線などわかりやすいものにかぎらず、風がビルにぶつかるなど、「そんなものが原因になるの？」といった驚くようなささいなことが引き金になることも少なくありません。

いずれにせよものすごい力が必要なことは確かで、科学が発展した現代においても人為的に起こすのは難しいのが実態です[*3]。

5-1 ゲリラ豪雨をもたらした積乱雲

筆者撮影

*3 人為的に起こした例が原爆です。広島に原爆が投下されたと同時に、巨大なキノコ雲がそびえ立ち、キノコ雲がたちまち積乱雲化して「黒い雨」を降らせたことは有名です。また、阪神淡路大震災の大火災でも、局地的に積乱雲が生じました。

◎ 線状降水帯

ゲリラ豪雨にもいくつかタイプがあり、近年**「線状降水帯」**によるものが注目されています。積乱雲が林立するビルのように見えることから「バックビルディング」とも呼ばれます。

5-2　バックビルディング現象

積乱雲から吹き下ろされる冷たい風と、湿った暖かい風がぶつかって新たな積乱雲が次々とつくられる

積乱雲ひとつの寿命は1時間くらいなのですが、多数の積乱雲が線状に並んで、次から次へと同じ場所を通過していき、その地域で大変な雨量になってしまうものをこう呼びます。

これは湿った暖かな風と、積乱雲からの下降気流にともなう冷たい風が同じ場所でぶつかり続けるために発生するもので、積乱雲が次の積乱雲を生んでいるともいえます。

2018年の西日本豪雨[*4]や17年の九州北部豪雨[*5]、そして05

*4　正式名は「平成30年7月豪雨」。活発化した梅雨前線により、2018年6月28日から7月8日にかけて西日本を中心に全国広範囲で発生した豪雨。台風が残していった湿った暖かな空気も関与。九州北部豪雨に比べると積乱雲自体の背はずっと低かったのですが、広範囲に降ったことで被害が拡大しました（死者224名）。

*5　活発化した梅雨前線により、2017年7月5日から6日にかけて福岡県、大分県、佐賀県などで発生した集中豪雨。福岡県朝倉市で1時間に129.5mm、日雨量516.0mmなど。高さ15km超えのきわめて発達した積乱雲によってもたらされました（死者40名）。

年の杉並豪雨[*6]はこのタイプによる豪雨でした。

◎スーパーセル

また日本では比較的まれなものに、「スーパーセル」があります。これはひとつの積乱雲が発達して勢力を維持するのに理想的な構造をとることにより、猛烈に発達するうえ、寿命が数時間以上と長くなるタイプの積乱雲です。このタイプは数万発ともされるすさまじい落雷をともなったり、大粒のひょうを降らせたり、竜巻や破滅的な突風（ダウンバースト）をともない、降水量以外の面でもきわめて「狂暴」なことが特徴です。

1999年7月21日の「練馬豪雨」（東京都の雨量計で1時間に131ミリを記録）や2000年7月4日に都心を襲い、ひょうをともなって1時間に82.5ミリ（新木場で104.0ミリ）をもたらした雷雨などがこのタイプと考えられます。

◎ヒートアイランド現象

近年、都市化による「ヒートアイランド現象」もゲリラ豪雨の引き金になると注目されてきました。

冷房の普及や地面がアスファルトにおおわれていること、人口が過密なことなどで都市部に熱がたまり、夜間になっても気温が下がらない現象のことをいいます。

こうした熱や水蒸気をきっかけに、都市部で突然積乱雲が爆発的に発達することが多くなり、ゲリラ豪雨が頻発するようになったともいえるのです。

*6 2005年9月4日、東京23区西部を中心に発生した集中豪雨。都内7観測所で1時間に100mm以上の猛烈な雨を観測し、善福寺川や明正寺川など8河川がはん濫、杉並区や中野区を中心に5000棟を超える浸水被害が発生しました。現在は「善福寺川調整池」が地下にできるなど、対策が進んでいます。

40「竜巻」はどうやって起こるの？

竜巻はめったに起こることのない気象現象ですが、ひとたび発生すると、人名にかかわる被害をもたらすこともある危険なものです。その特性や注意点を見ていきましょう。

◎ 竜巻の強さを表す「藤田スケール」

竜巻は滅多に起こらない気象現象です。一生を通じて１回も目撃することがない、という人のほうがはるかに多いでしょう。しかしいざ遭遇すると、大変な被害が出てしまいます。

たとえば1990年の茂原竜巻[*1]の被害写真を見ると、まるで空襲の跡のようで言葉を失います。竜巻の強さは**F（藤田スケール）**で表しますが、日本ではＦ４以上の発生例はありません。茂原竜巻でさえもＦ３です。

5-3　茂原竜巻の被害のようす

出典：内閣府「防災情報のページ」
http://www.bousai.go.jp/+kaigirep/houkokusho/hukkousesaku/saigaitaiou/output_html_1/case199001.html

*1 「茂原竜巻」は、1990年12月11日19時13分頃に千葉県茂原市に発生した竜巻。約７分間のうちに市の中心部を縦断し、最大幅約1.2km、長さ約6.5kmにおよぶ範囲に深刻な被害をもたらしました。死者１名、全半壊は243戸。

5-4 藤田スケール

階級	想定される被害等
Ｆ０	風速 17 ～ 32m/s（約 15 秒間の平均）：煙突が折れる、小さな木が折れる、道路標識が曲がる。根の浅い木が傾く。
Ｆ１	風速 33 ～ 49m/s（約 10 秒間の平均）：屋根が飛び、ガラスが割れる。自動車が動く。
Ｆ２	風速 50 ～ 69m/s（約７秒間の平均）：家の壁が飛び、車が転がる。大木がねじり切られる。電車が脱線する。
Ｆ３	風速 70 ～ 92m/s（約５秒間の平均）：家が壊れる。鉄筋造りでも潰れる。非住家は粉々になって飛散。車も飛ばされる。
Ｆ４	風速 93 ～ 116m/s（約４秒間の平均）：家は粉々。電車も飛ばされる。１トン以上もあるものが降ってくる。信じられないことが起こる。
Ｆ５	風速 117 ～ 142m/s（約３秒間の平均）：建物は土台を残してそっくりなくなる。電車や車がはるか上空を飛び回る。

Ｆ３、Ｆ４、Ｆ５の竜巻に出くわしたらどうしよう、と身の毛もよだちますね[*2]。

◎ 竜巻のでき方

では、こんなにも恐ろしい竜巻はいったいどのようにして発生するのでしょうか？

竜巻も、積乱雲にともなって発生します。積乱雲にともなわないものは「**つむじ風**」と呼ばれ、風速は竜巻に比べてはるかに小

*2 日本で「恐ろしい自然災害」といえばまっさきに地震が思い浮かぶでしょう。しかしアメリカなどでは、竜巻（トルネード）を思い浮かべる人が多いようで、竜巻保険や竜巻のときに避難する地下シェルターがあったりします。

さいことが一般的です。竜巻が起こるメカニズムは主にふたつ考えられています。

ひとつ目は、なんらかの原因で**上空の積乱雲の中に空気の薄いところが形成され、そこを埋めるために地上の空気がはげしい勢いで上空に吸い上げられる**ものです。その空気が渦を巻き始め、やがて竜巻となるのです。イメージとしては、上から巨大な掃除機を近づけたような絵を考えるとよいでしょう。

ふたつ目は、**地上近くで風が回転しているところ**（これをメソサイクロンという）**に上昇気流が重なったとき、その「風の回転ごと」上空に持ち上げられる**ものです。持ち上げられるにつれて、回転の半径が小さくなり､風速が大きくなってやがて竜巻になります。フィギアスケートで、腕を閉じると回転が速くなりますが、あれと同じ原理です。竜巻注意情報を発するときは、このメソサイクロンをドップラーレーダーという特殊なレーダーで検出します。

◎ 竜巻の注意点

このように、**竜巻は積乱雲にともなって発生するため、台風や強い低気圧、寒冷前線、夏の雷雨などの際には要注意です**。とくに台風接近にともない、台風の北東側で発生する積乱雲には注意が必要で、多数の竜巻を同時多発的に生むことがあります。

気象庁は、竜巻発生が予想される1間前に「**竜巻注意情報**」を発表していますが、**この情報が発表されても実際に竜巻などが起こるのは7～14％程度**です。いかに予報が難しいかが想像できましょう。

5-5　台風の北東側は要注意

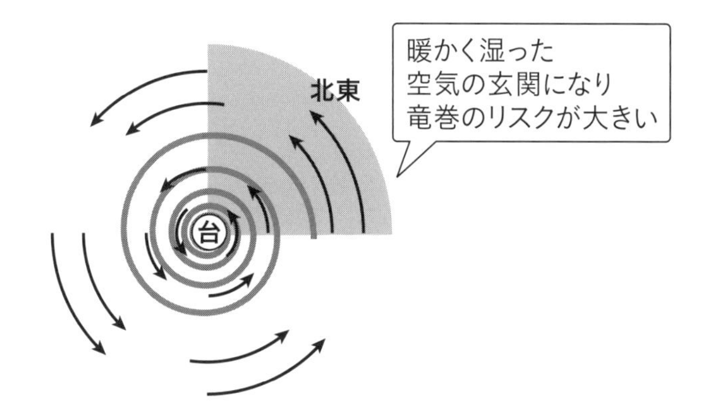

さきほど述べたように、日本では台風接近にともなう竜巻が目立つため、竜巻発生のピークは９月です。

発生場所は地面との摩擦が少ない沿岸や海上、平野部で多く、内陸ではまれです。

日本における竜巻の発生数は年平均で17個程度で（1991～2006年の統計）、アメリカの約1300個（2004～2006年の統計）に比べてはるかに少なく思えます。しかし単位面積に換算すると日本の竜巻の発生数はアメリカの約３分の１であり、アメリカに比べてそれほど少ないともいえないのです。

アメリカで強烈な竜巻が多いのは、広い平野が多く、地面の凸凹による摩擦が少ないからだと考えられます。

5-6　竜巻の月別発生確認数（1991〜2017年）

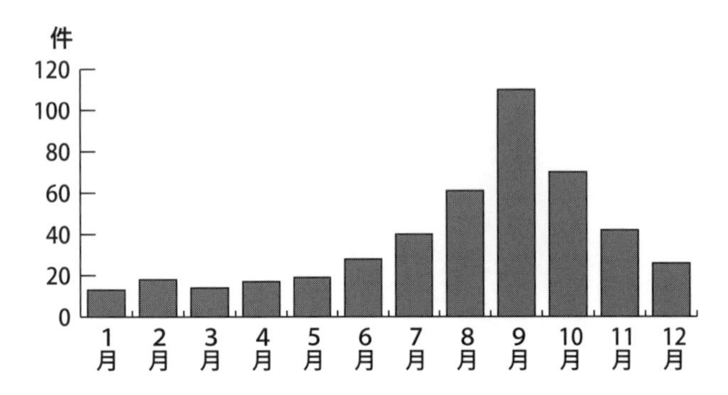

※「竜巻」および「竜巻またはダウンバースト」である事例のうち、水上で発生し、その後上陸しなかった事例（いわゆる「海上竜巻」）は除いて集計

出典：気象庁ホームページ　*https://www.data.jma.go.jp/obd/stats/data/bosai/tornado/stats/monthly.html*

◎ 竜巻注意情報

気象庁では竜巻やダウンバーストなどによるはげしい突風が予測されるときに注意喚起をうながすため、2008年から**竜巻注意情報**を発表しています[*3]。

「竜巻注意情報」が発表されたら、まず空を見て、発達した積乱雲が近づいていないかを確認しましょう。具体的には、**真っ黒い雲が近づいて周囲が急に暗くなっていないか、雷鳴が聞こえたり、雷が見えたりしていないか**、**ひやっとした冷たい風が吹いていないか**、**大粒の雨やひょうが降り出していないか**、といったことです。

*3　あくまで雷注意報を補足する「注意情報」として出されるため、竜巻注意情報のみで出されることはありません。

◎ 竜巻に遭遇したら

竜巻被害を防ぐには、積乱雲が発生・接近する兆しがあったら、速やかに頑丈な建物へ避難することが大切です。

いざ建物に竜巻が接近してきたら、窓ガラスから離れ、地震のときと同じように机の下に隠れるとよいでしょう。

5-7　段階的に発表される竜巻注意情報

タイミング	情報発表の中身
半日～１日前	「気象情報」発表。「竜巻などのはげしい突風のおそれ」と明記。
数時間前	「雷注意報」発表。落雷、ひょう等とともに、「竜巻」も明記。
０～１時間前	「竜巻注意情報」発表。竜巻が発生しやすい気象情報を報知。
常時 （10分ごと）	「竜巻発生確度ナウキャスト」を常時発表。竜巻などの突風が発生する可能性を２段階の確度で表す。

政府広報オンラインをもとに作成　https://www.gov-online.go.jp/useful/article/200805/5.html

5-8　竜巻接近時の退避行動

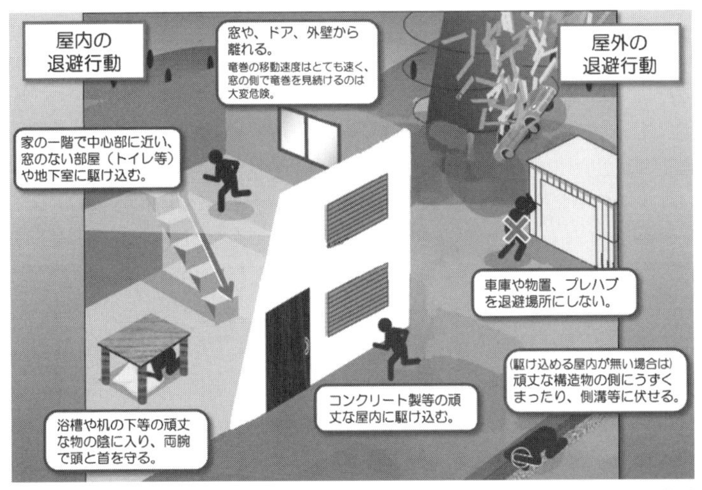

出典：内閣府・気象庁「竜巻から身を守ろう」　http://www.bousai.go.jp/fusuigai/tatsumakikyokucho/pdf/h25-t/tatsumaki2.pdf

5-9　竜巻等の発生分布図

【近年の竜巻被害の例】

■茨城県常総市～つくば市：2012年5月6日、強い積乱雲にともない発生。約1250棟の建物が損壊。栃木県でも約860棟の建物が損壊。中学生の男子生徒が死亡。藤田スケールはF3。

■北海道佐呂間町：2006年11月7日、寒冷前線通過にともない発生。これまで竜巻発生事例の少なかった北海道オホーツク海側で発生。死者9人。藤田スケールはF3。「竜巻注意情報」を発出する契機となった。

■千葉県茂原市：1990年12月11日、強い低気圧により、雷雨とともに発生。被害はすさまじく、10トンダンプも転倒した。藤田スケールはF3。

41 「突風」は竜巻と何がちがうの？

積乱雲にともなう強い上昇気流によって起こる「竜巻」に対して、積乱雲から吹き下ろされる強い下降気流が原因の風があります。これがいわゆる「突風」です。

◎「非常に強い台風」並みの風

竜巻とよく似たものに「**突風**」があります。前に「竜巻注意情報」について述べた際、竜巻「など」が起こるという言い方をしました。竜巻注意情報には、純粋な竜巻以外にも突風の可能性も含んでいるのです。では、突風はいったい何なのでしょうか。

積乱雲にともなって吹く局地的かつ破壊的な突風は「**ダウンバースト**」と呼ばれています。

5-10 ダウンバーストのイメージ

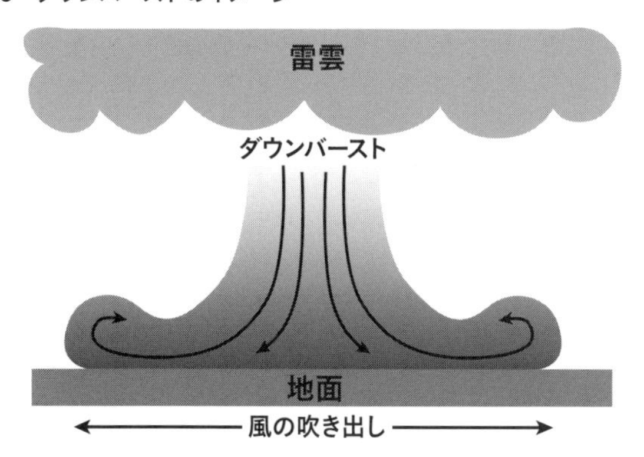

吹き出しの広がりは数百メートルから十キロメートルほどで、被害地域は円形、あるいは楕円形など、面的に広がる特徴があります。

ダウンバーストは名前の通り、積乱雲の中から空気がドスンと勢いよく落下し、地面に叩きつけられて四方八方に広がり、突風となることで被害が出ます。その風速は50メートルを超えることがあり、「非常に強い台風」並みといえます。これが積乱雲にともなう突風の正体です。

◎ 空気のかたまりが落下するワケ

ではなぜ、積乱雲の中から突如空気が落下してくるのでしょうか。空気は暖かいと軽く、冷たくなると密度が大きくなって重くなります。つまり、積乱雲の中でものすごく冷たい空気のかたまりができることが原因です。

地面にぶつかったダウンバーストが広がっていく先端を**ガストフロント**と呼びます[*2]。ガストフロントは寒冷前線のようにはたらき、しばしば上昇気流を生じて、新たな積乱雲発生のトリガーになります。

ダウンバーストは音があまりしません。やけに静かだなと思って外を見たら、周りの建物がペシャンコになっていたという話もあります。

5-11 ガストフロントのイメージ

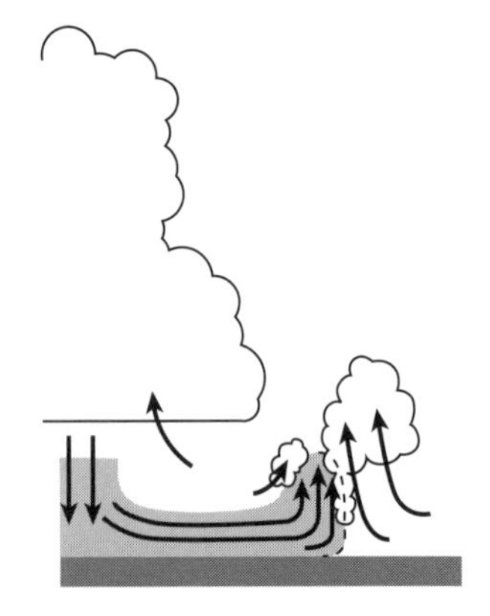

まるで寒冷前線のように、ガストフロントが新たな積乱雲をつくる

*1 積乱雲の中に乾いた空気が存在すると、そこで水滴や氷晶が活発に蒸発し、気化熱をうばいます。こうして非常に冷たい（重い）空気のかたまりができると、勢いよく落下するのです。

*2 ガスト（gust）は「突風」を意味します。

42 なぜ暑い日に「ひょう」が降るの?

初夏や夏の暑い日に、雷をもとなって突然はげしく降り出すことがあるのが「ひょう」です。ときに意面が真っ白になることもあり、まれに「ひょうかき」が必要になることもあります。

◎「ひょう」と「あられ」

ひょう（雹）が降ることを「降(こう)ひょう」といいます。

ひょうは氷のかたまりですが、雪とちがって固い氷で、大きさは5ミリ以上のものをいいます。直径が5ミリより小さいものは**あられ（霰）**と呼んで区別しています。

はげしい雷雨にともなって降るため、全国的なピークは**初夏から初秋にかけて**で、関東北部から甲信地方の山沿い（暖候期）や、北陸から東北の日本海側（寒候期）で比較的多く見られます[*1]。

ひょうの降る時間は短く、**10分以内**というケースが大半です。

5-12 実際のひょうの大きさ例

北の魔女 / PIXTA（ピクスタ）

そのうえ非常に局地的で、1キロ離れただけで、被害状況はまったくちがってくることもあります。

短時間とはいえ、やはり犯人は積乱雲です。ときにすさまじい勢いで降り、またたく間に数十センチ以上積もってしまうこともあるから侮れません。

◎ひょうはどうやって生まれる？

夏の暑い日に氷のかたまりが降ってくるのは不思議ですね。書籍によっては「夏よりも、気温が低い春や秋に多い」と書かれていることもありますが、近年の関東では真夏でも容赦なく降っている印象があります。いったいなぜなのでしょうか。

雲のしくみを思い出してみましょう。雲は上昇気流で発生・発達します。十分に成長した雲からは、雲粒（うんりゅう）が大きくなって雨が落下してきます。しかし、上昇気流が強かったらどうでしょうか。

落下途中に強い上昇気流に合うと、雨粒はふたたび上空高くに舞い上げられます。上空の高いところは気温が大変低く、夏でもマイナス30～60℃ほどです。そのため舞い上げられた雨粒は、ふたたび凍って「あられ」になります。このあられは、ふたたび落下しながら、雲の中の過冷却水（氷点下になっても凍らない水）などを凍りつかせながら大きくなっていきます。

この**「落下と上昇」を何回もくり返すうちに、強烈な上昇気流でも支えきれない大きな「ひょう」となって落下してくる**のです。

つまり、ひょうが降るときには猛烈な上昇気流があるといえます。夏のはげしい雷雨にともなって降るのはこのためです。

*1　関東甲信地方に限定すると、5月下旬と7月下旬の2回、ピークがあることがわかりました。

5-13 降ひょうのメカニズム

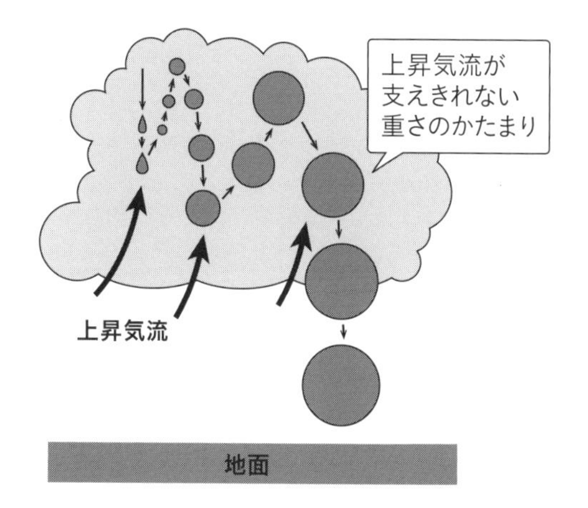

積乱雲のなかで落下・上昇をくり返しながら成長する

【降ひょうの例】

■ 1917年6月29日：埼玉県熊谷市で直径29.5cmと世界的に見ても記録的な大きさのひょうが降った。驚くべきことに、大きなものは地面に直径約51.5センチメートルの穴を開けていたという。屋根、雨戸を突き破って屋内に入ったひょうのかたまりも少なくなかった。その形は平べったい球形で周囲が内側に巻き込み、まるで牡丹の花のようだったという。

■ 2000年5月24日：茨城県南部と千葉県北部で降ったひょうで、一部はミカン大に達した。負傷者は130名、建築物被害は2万9000軒以上、農作物被害は被害総額が66億円以上。負傷原因の大半は、ひょうによる打撲と破損した窓ガラスによる切創。その他、扉に穴が開いたり電気メーターの分厚いガラスケースが、ひょうの直撃を受け木っ端微塵に砕けたりするなどの被害があった。

■ 2014年6月24日：東京三鷹市などではげしい降ひょう。まるで大雪のあとのように、道路は真っ白になって埋まる。車が往来できなくなり、什器やスコップで「ひょうかき」に追われた。

43「フェーン現象」って何？

ふだんは高温にならないような北陸の日本海側や北海道などで、まれにその日の最高気温が独占されることがあります。このような異常な高温は「フェーン現象」によってもたらされます。

◎ 5月に北海道で39.5℃！

2019年5月26日、北海道佐呂間町で39.5℃、帯広市で38.8℃など、きわめて異常ともいえる高温が観測されました。真夏でもない時期に北海道で40℃近い気温が観測されるのはきわめて異例のことです。

これはよく晴れたことと、上空に暖かな空気が流れこんできたことに加え、「フェーン現象」が起きたことが大きな一因です。

どのシーズンでも、あるいはどの地域でも、**「異常な高温」が観測されたときには、ほとんどフェーン現象が関係しています。**モンスターみたいなこのフェーン現象とはいったいどのようなものなのでしょうか。

◎ 山を越えると気温が上がる

フェーン現象は、山を越えると気温が上がるという不思議な現象です。たとえば山の風上側では20℃だった風が、山を越えた風下側では26℃になっていたりするものです。なぜこのようなことが起こるのでしょうか。

空気は上昇気流で持ち上げられると100メートルにつき約0.6℃下がり、下降気流で引き下ろされると同約0.6℃上がります。この約0.6℃というのがクセモノで、実際には0.5℃のこともあれば1.0℃のこともあります。そのちがいは「凝結[*1]が起こるか否か」、つまり雲ができるかどうかという点です。

5-14　水の状態変化

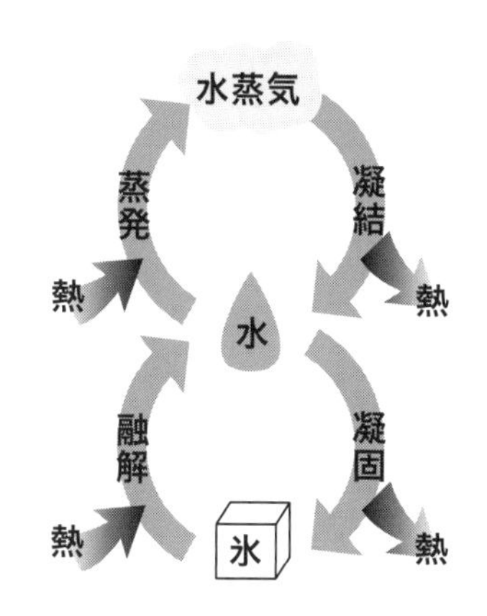

上昇気流が雲を生成しながら山をかけ上がっていくと、凝結熱[*2]がはき出されるため、気温の下がり方が鈍くなり、100メートルにつき0.5℃しか下がりません。しかし**雲がないよく晴れた日に山を上昇・下降すると、100メートルにつき1.0℃降温・昇温する**のです。

◎ 気温が上がるカラクリ

では、「よく晴れた日で地表が20℃のとき、800メートルで凝結する空気が2000メートルの山を越えた場合にどうなるか」を考えてみましょう。

800メートルで凝結するということは、それまでは晴れていることになりますから、100メートルにつき1.0℃下がります。つまり800メートルまでかけ上がると12℃（20－8）気温は下がり

*1 「凝結」とは、気体が液体に変わること（水蒸気が液体の水になること）。
*2 水は気体になるときには熱をうばい、液体に戻るときには熱をはき出す。このはき出される熱が「凝結熱」です。

5-15　フェーン現象のしくみ

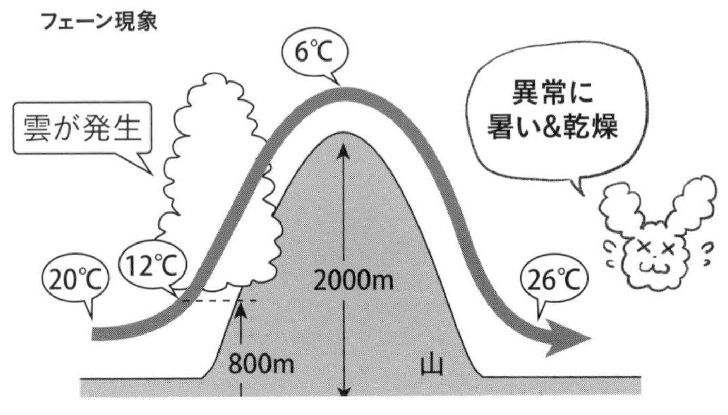

20℃の空気が山を越えて 26℃に

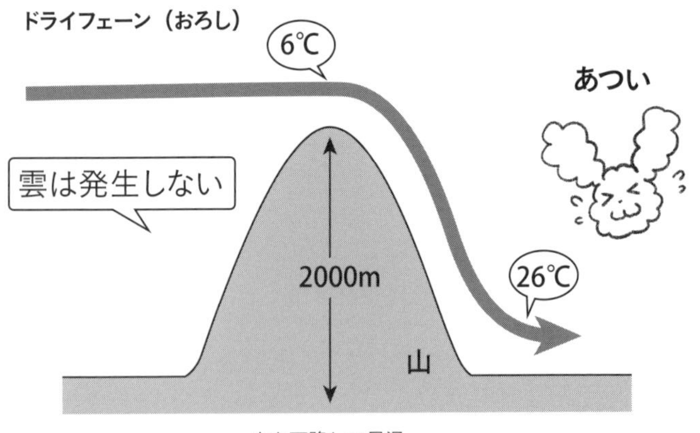

山を下降して昇温

ドライフェーンは、相変化（水蒸気→水、水→水蒸気など）をともなわない、山の風上側に雲ができない乾いたフェーンのこと。「おろし」ともいう

ます。その後2000メートルまでの1200メートル分は、100メートルにつき0.5℃下がるので、6℃（12－[0.5×12]）となります。

その後、山を越えると下降気流で雲は消えます。雲なしの状態で2000メートル下降するので、26℃（6＋[1.0×20]℃）になります。

これが、20℃だった空気が、山越えで26℃になるカラクリです。

2019年5月26日の風向を見てみると、佐呂間、帯広ともに西寄りの風が吹き、風が山を吹き降りてくるかっこうになっていたことがわかります。厳密には、風上側に雲を形成しない「ドライフェーン」というタイプだったようです。

【フェーン現象による記録の数々】

■ 1991年9月28日：富山県泊で深夜に突如36.5℃を観測

■ 1993年5月13日：埼玉県秩父で37.2℃、東京都八王子で37.1℃と5月としては異例の記録。

■ 2004年4月22日：各地で記録的高温。東京も4月としては史上2位の28.9℃を記録。

■ 2010年2月25日：大阪23.4℃、北海道宇登呂でも15.8℃（2月の観測史上最高）、青森17.1℃（2月の観測史上最高）。

■ 2013年3月10日：関東などで7月上旬並の暖かさ（暑さ）。練馬区28.8℃、都心25.3℃など。東京で「煙霧」が発生し、「この世の終わりか？」などとプチ騒動に。

■ 2018年7月23日：；熊谷41.1℃という日本史上最高気温を出す。

■ 2019年5月26日　本文でも触れた北海道佐呂間町39.5℃、帯広市38.8℃などを記録。

44 夏はどんどん暑くなっている?

近年、夏になると熱中症で搬送される人が増え、夜も熱帯夜の日が多い印象をもつ人が少なくないでしょう。やはり夏は年々暑くなっているのでしょうか。

◎ 平均気温は上がっている

今では、夏になるとクーラーなしではすっかり生活ができなくなりました。夏は年々暑くなっている印象をもっている人も多いと思います。そこで、気象庁のデータを紹介しましょう。

東京における1年間でもっとも高い気温は、**明治のころが33〜34℃くらい**で、35℃超えの「猛暑日」は1日もない年もめずらしくありませんでした。ところが**平成に入ると、36℃〜37℃くらいが平均的**で、実際に気温は3℃ほども上昇していることがわかります[*1]。

◎ 3℃のちがいが大きな差に

とりわけ酷暑や猛暑のときには、**3℃異なるだけでも体感的には大きな差が出てしまう**ものです。31℃ならふつうの暑い日ですが、34℃となると汗が止まらず、扇いでも涼しいどころかかえって熱をもらってしまうような状況になります。平均気温で3℃の差といったら、たとえば鹿児島と東京のちがいくらいあります。つまり、**今の東京の夏は、かつての鹿児島の気温くらい**にな

*1 厳密には観測地点の移動などもありますが、おおよそ無視できる範囲として紹介しています。

っているといえるのです。

5-16 各都市の年平均気温

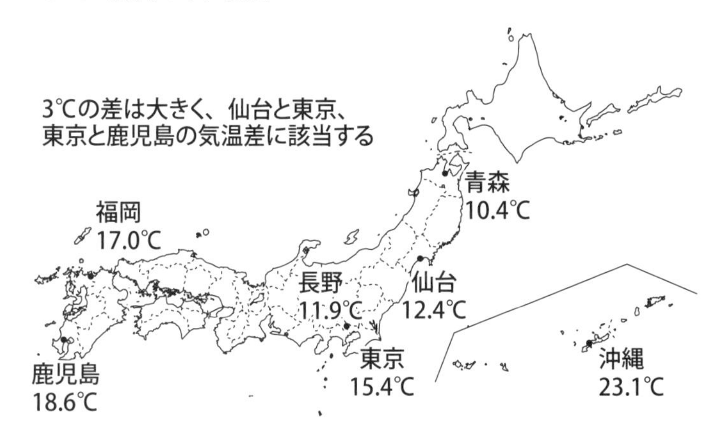

出典：気象庁「アメダス」をもとに作成

◎ ついに破られた最高気温の記録

日本の最高気温に着目してみましょう。1933 年 7 月 25 日に山形市で **40.8℃**という記録が出ました。この記録は 74 年間ずっと破られることがありませんでした。

しかしついに、2007 年 8 月 16 日に岐阜県多治見市と埼玉県熊谷市で 40.9℃を記録。これをきっかけに 2013 年 8 月 12 日に高知県四万十市江川崎(えかわさき)の 41.0℃、2018 年 7 月 23 日に熊谷市で **41.1℃**、と記録を破るまでの期間はどんどん短くなっています。

◎ 熱中症対策を厳重に

ところで、ここでいう **「気温」は、日陰かつ人の目線くらいの高さのところで測定しています。つまり、日なたや地面付近ではもっともっと温度が高くなっている**ということです。

真夏の日なたにあるアスファルトや自動車などの上は、フライパンのようになっています。地面に近いところに頭がある幼児や動物などは、より熱中症に厳重に警戒する必要があります。

熱中症とは、熱が原因で起こるさまざまな体の不調です。直射日光の当たらない室内でも起こり、運動不足や肥満、暑さに慣れていない人は熱中症になりやすいため注意が必要です。

めまいや顔のほてり、だるさやはき気などの症状が代表的で、重傷になると意識がなくなったりけいれんを起こしたりします。重症の熱中症になったら救急車を呼び、到着まで涼しいところで首、手首、太ももなど太い血管が通っている場所を積極的に冷やすとよいでしょう。

熱中症の予防策としては**水分補給**と**塩分補給**[*2]が基本です。「のどが乾いた」と感じる段階ではかなり体の脱水は進んでいるので、とくに子どもや高齢者、動物などにはこまめな水分摂取をうながします。ただし、コーヒーやビールなどは「水分摂取」にカウントしないほうがよいでしょう。利尿作用が強く、摂取した以上に出ていってしまうからです。

*2　汗をなめてみるとしょっぱい味がします。汗には塩分が含まれているからですが、汗をかくと大量の塩分が失われることになります。ですから塩分摂取も忘れないようにしましょう。

5-17 熱中症を疑った際のチェックポイント

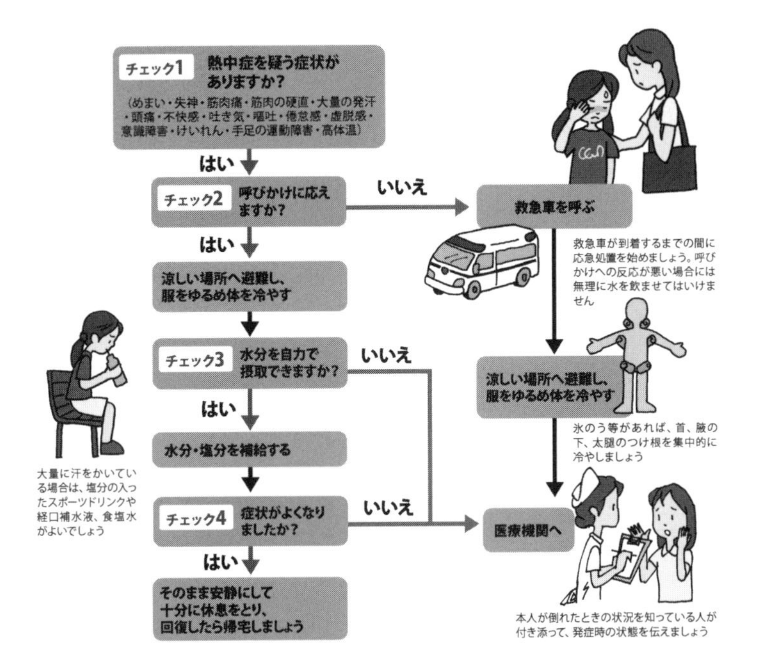

出典：環境省「熱中症環境保健マニュアル 2018」

45 「エルニーニョ」と「ラニーニャ」のちがいって何？

地球は、表面積の約７割が海面でおおわれた「水の惑星」です。そのため海水の温度変化によって、気候が大きく変動します。海水温と天気の関係を見ていきましょう。

◎ 水の惑星・地球

p,034で「海水面は陸地に比べて暖まりにくく、冷めにくい」と説明しました。場所によって暖かいところと冷たいところがありますが、温度変化がゆるやかなために、気候は毎年安定し、生命あふれる惑星になったといえるでしょう。

しかしこの海水面の温度分布が少しでも変わってしまうと、巨大な高気圧や低気圧の分布も変化してしまいます。その結果、地球全体の気候が変化して「異常気象」を招いてしまうのです。代表的なものが「エルニーニョ現象」と「ラニーニャ現象」です。

◎ ペルー沖の海水温と天気の関係

「エルニーニョ現象」とは、南米ペルー沖の海水温が平年より高くなる現象で、反対に**「ラニーニャ現象」は平年より低くなる現象**です[*1]。

この海域は、海底から冷水が湧き上がっており、**冷水の湧き上がりが強くなると「ラニーニャ」、弱くなると「エルニーニョ」**になります。±0.5℃以上でエルニーニョ、ラニーニャを判定し

*1　スペイン語で、エルニーニョが「少年」、ラニーニャが「少女」という意味。

ますが、大規模なものでは、平年より5℃くらい変化します。

いずれの現象も、細かく見ると毎回それぞれに個性があるのですが、日本におけるおおざっぱな傾向は、**エルニーニョ現象が起こると夏は冷夏、冬は暖冬になり、ラニーニャ現象が起こると夏は猛暑、冬は寒冬になる**ことがよく知られています。

「エルニーニョ」のときには西太平洋熱帯域の海面水温が低下し、夏に太平洋高気圧の張り出しが弱くなる（冬は西高東低の気圧配置が弱まる）こと、「ラニーニャ」では同熱帯域の海面水温が上昇し、夏に太平洋高気圧が北に張り出しやすくなる（冬は西高東低の気圧配置が強まる）ことが主な原因です[*2]。

5-18 エルニーニョ／ラニーニャ現象

夏は冷夏、冬は暖冬になりやすい

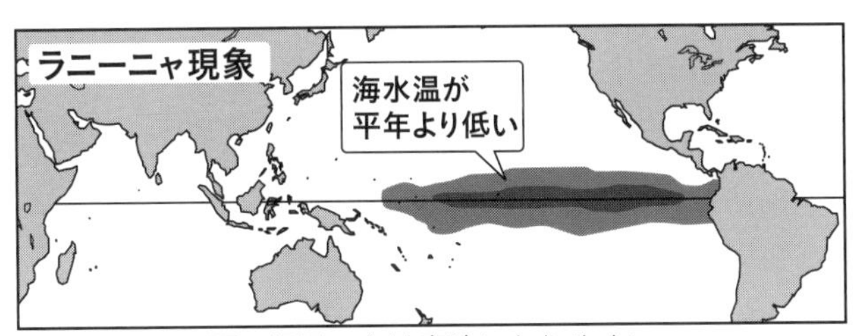

夏は猛暑、冬は寒波になりやすい

*2 大寒冬だった2018年の冬や、猛暑だった2010年や2007年の夏はラニーニャ現象が発生し、大暖冬だった2019年の冬や冷夏だった2009年の夏などにはエルニーニョ現象が発生していました。

◎ 黒潮が蛇行すると関東で大雪になる？

本州の南には**黒潮（日本海流）**と呼ばれる暖流が流れています。この黒潮が大きく蛇行することでも、日本の気候に影響を与えることがあります。

黒潮が蛇行すると、前項で述べた「関東地方の大雪」が発生しやすくなることが注目されます。また、蛇行した黒潮が直撃する紀伊半島や東海地方では、海水面が盛り上がる「高潮」が発生し、長期間に渡って高潮注意報が出っぱなしになることもあります。

黒潮は栄養分含有量の少ない「貧栄養（ひんえいよう）」な海水の流れであるため、プランクトンの数が少なく、海水が黒く見えることが語源です。こうなると魚介類の生息域も変化し、水産業なども大きな影響を受けます。

◎ 黒潮の蛇行によるさまざまな影響

日本近海は、およそ3700種類の魚が生息する、世界でももっとも豊かな海とされています。豊かな海を生み出す要因のひとつが、黒潮と**親潮（千島海流）**という大きな海流です。

ところで黒潮が蛇行するということは、日本の近海を流れる大きな潮の流れが変わってしまうので、ふだんとれる場所で突然魚がとれなくなったり、ふつうはとれない魚がとれたりと、さまざまな影響が出てきます。漁場が遠くなれば燃料費はかかりますし、魚の種類が変われば漁法も変わるので、漁業関係者としては大変です。*1

黒潮で不漁になる種の代表例にシラスがあげられます。シラス

*1 【参考1】NHK暮らし解説委員室「黒潮大蛇行　くらしへの影響は」（くらし☆解説）」 *http://www.nhk.or.jp/kaisetsu-blog/700/279354.html*
【参考2】ウェザーニュース「昨年から続く黒潮大蛇行、今後の生活や気象への影響は？」　*https://weathernews.jp/s/topics/201808/020165/*

漁の漁場は関東から東海の沿岸部に広がっています。黒潮の大蛇行で発生した反時計周りの強い海流が、体の小さいシラスを沖合へと流してしまったり、栄養分の少ない黒潮の水流でおおわれてエサ不足になったりと、シラスの不漁を引き起こすのです。

また、高い水温で海藻が死滅したり、カツオがいつもより南下したり、伊豆諸島の八丈島近海ではキンメダイの漁獲量が前の年の半分以下に落ちこむ被害が出たこともあります。

5-19　黒潮の蛇行とその影響

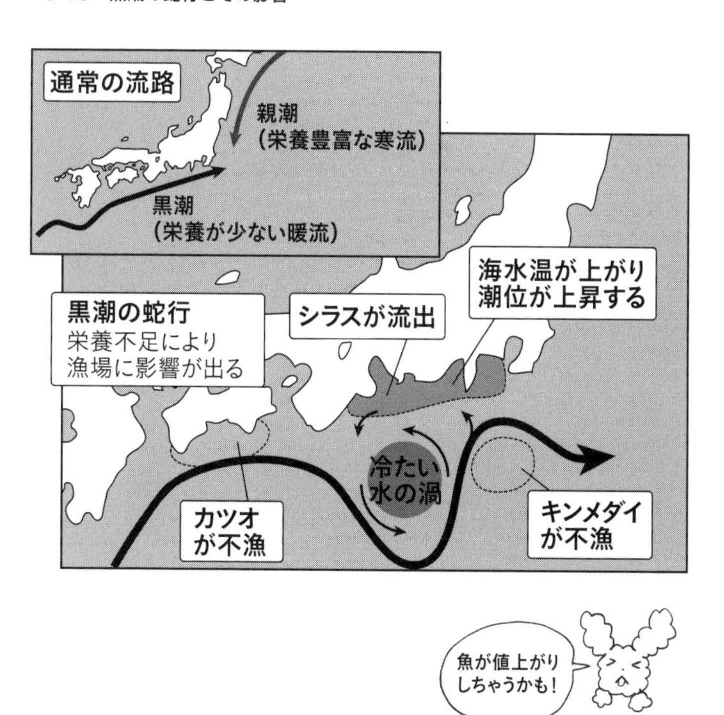

46 「地球温暖化」は本当に進んでいるの？

ここ数年は顕著に気温が高まり、「異常気象」が多いと感じている人は少なくないでしょう。はたしてこれは温暖化とどう関係しているのか、くわしく見ていきます。

◎ 温室効果ガス

2018年の冬は、全国的に大寒冬でした。東京では48年ぶりとなるマイナス4.0℃を観測したほか、全国的に大雪や低温傾向が顕著でした。このようなことがあると、「本当に地球温暖化は進んでいるの？」と疑問に思ってしまいますね。

ではもっと長いスパンで見てみるとどうでしょうか。

たとえば、明治の頃、東京で冬日（最低気温が氷点下）は年間に何日あったか見てみます。すると、平均して60～70日くらい、多い年には100日近くあったことがわかります。一方で近年は、

5-20　東京の冬日日数の推移

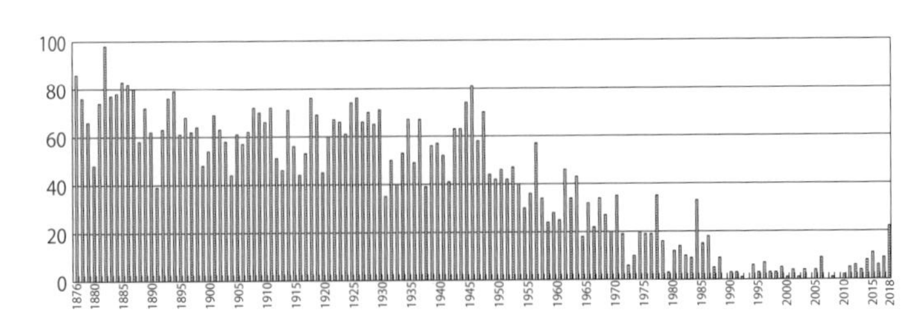

東京で最低気温が氷点下になる「冬日」の日数は
大きく減少している

年に数日程度、少ない年には０日となっています。これだけ見ても、温暖化はかなり深刻に進んでいるとと考えられるのではないでしょうか。

◎ 温暖化の原因

原因については諸説あります。

まずは**二酸化炭素濃度の上昇**です。二酸化炭素やメタンなどの温室効果ガスは、大気中の熱をとらえ、宇宙空間に逃がさない性質があります。これらのガスは放射冷却を防ぎ、地球に毛布をかけたような状態になっていると考えられます。

二酸化炭素濃度の増加は、本当に私たちの人間活動が原因なの

5-21 温室効果ガスと地球温暖化

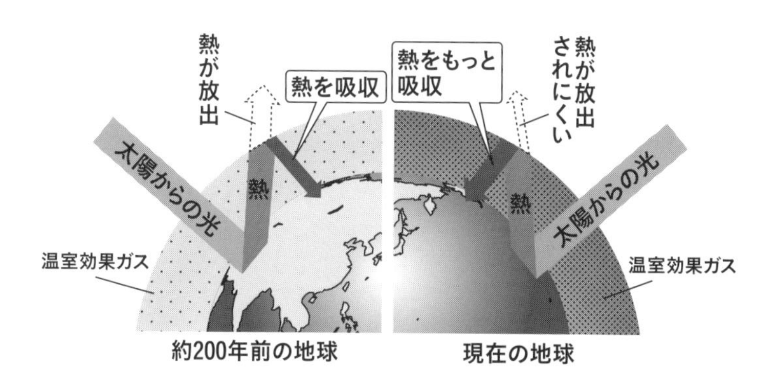

二酸化炭素濃度が高まると、熱が宇宙空間に放出されにくくなり、気温が上がることになる

か、という疑問の声もあります。ただ産業革命や人口爆発の時期と、気温上昇の時期が一致していることからも、私たち人間の活動とは無関係ではないでしょう。

◎ 温暖化が生む変化

地球温暖化が進むと、空気中の水蒸気量が増えるので、豪雨の可能性が高まります。また海水温が上がることで、台風が発達しやすくなることも懸念されています。北極や南極の氷河がとけて海水面が上がることで、水没してしまうおそれがある地域も世界中にあります。

また生物の分布にも影響を与えます。日本だと、1940年代には九州や山口県にしか分布していなかったナガサキアゲハ[*1]が分布を北に広げ、2010年には関東地方でもふつうに見られるようになりました。ツマグロヒョウモン[*2]というチョウやクロメンガタスズメ[*3]というガでも、同様の傾向が見られます。

分布を広げるのは、チョウのようなかわいい生き物ばかりではありません。ネッタイシマカ[*4]のような生物も分布を広げ、日本でもデング熱やマラリアが大流行する日がくるかもしれません。

*1 アゲハチョウ科のチョウで、オスは黒一色、メスは翅の基部が赤色で白色紋があります。幼虫は柑橘類の葉を食べる「ゆずぼう」と呼ばれるイモムシの一種。もともとは東南アジアやインドネシアなどに広く生息し、日本でも西日本から徐々に生息域が北に広がっています。

*2 タテハチョウ科のチョウで、オレンジ色の地に黒い紋をちりばめたような模様の羽を持つ。 幼虫は園芸家にも人気のパンジーなどを食べる「赤黒の毛虫」で、いかにも恐ろしげですが無害です。

*3 スズメガ科の蛾（が）。背中にドクロのような模様を持つ「人面蛾」として有名。幼虫はナス、ジャガイモ、タバコなどを食べ、体長10センチメートルにもなる巨大で派手なイモムシ。

*4 熱帯地方に生息。日本の「ヤブカ」と同様、メスは卵を成熟させるためにほ乳類から吸血します。デング熱や黄熱病を媒介するとされています。

5-22　ナガサキアゲハ

いずれも筆者撮影

5-23　ナガサキアゲハの分布域

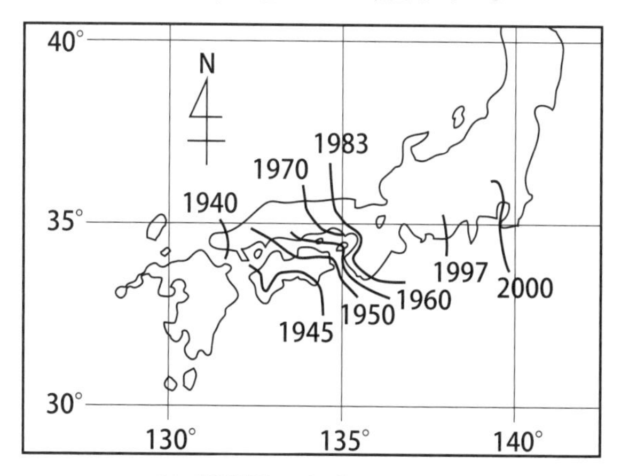

出典：地球環境研究センター「チョウの分布域北上現象と温暖化の関係」
http://www.cger.nies.go.jp/publications/news/series/watch/6-14.pdf

桜の開花時期も気温の変化によって早まっているとされています。たとえば、4月1日までに開花するところは、1960年代では三浦半島から紀伊半島にかけての本州の太平洋沿岸と四国、九州でしたが、2000年代に入ると関東や東海、近畿、中国地方まで北上するようになっています。

5-24　ソメイヨシノの開花ラインの変化

出典：気象庁ホームページ
http://www.data.jma.go.jp/cpdinfo/chishiki_ondanka/p09.html

◎ 太陽の活動は活発化していない

地球にとってはなくてはならない太陽も、活動が活発化したり低下したりします。それよって、地球に降り注ぐ光（放射エネルギーや熱エネルギー）も変化します。太陽の活動が活発化すると地球温暖化に影響しそうですが、実際のところはどうなっているのでしょうか。

太陽活動の活発さは、太陽表面に現れる**黒点**に現れます。**活動が活発なほど黒点が増すため、黒点数が地球の気温を左右する**とされています。

20世紀半ば以降の黒点数を見てみると、ほぼ横ばいもしくは減少傾向を示しています。したがって**太陽活動が活発化しているとは考えにくく、近年の温暖化とは直接関係していない**と考えられます。

とりわけここ十数年の太陽は、100年に一度くらいともいえるほど黒点数が少ない時期となっていて、むしろ寒冷化のほうを心配する声もあります。

◎ いまの地球は「氷河期(ひょうが)」？

驚かれるかもしれませんが、現在地球は「氷河期」です。

南極やグリーンランドにはたくさんの氷河がありますし、最近日本にも氷河が存在することが認められました[*5]。このように、そもそも**地球上に氷河が存在する時期を「氷河期」と呼びます**。

そして「氷河期」の中でもとくに寒い「氷期(ひょうき)」と、比較的暖かな「間氷期」が周期的に繰り返されてきていて、現在は「間氷期(かんぴょうき)」にあたります。「氷期」と「氷河期」が混同されてしまうことで、冒頭のような誤解が起こるのですね。

氷期と間氷期のサイクルは、「ミランコビッチ・サイクル」と呼ばれ、地球の軌道変化に起因しています。

氷期になると、1年の平均気温が5～10℃ほど下がります。

現在の地球は、約3500万年前に始まった比較的気温が低い氷河期のまっただ中にあります。2万～10万年スケールの日射量の変動は理論的に計算することができ、日射量変動による将来の氷期が今後3万年以内に起こる確率は低いようです[*6]。

*5 富山県内北アルプスにあるものが、氷河である可能性が高いとされました。
*6 参考：国立観光研究所 地球環境研究センター「ココが知りたい地球温暖化 Q14 寒冷期と温暖期の繰り返し」

47 温暖化になると大寒波がやってくる？

地球温暖化に大きな影響を与えるとされるのが、局地（北極や南極）の変動です。私たちの住む日本の気象は、北極の気圧変化をつかさどる「北極振動」の影響を受けているとされてます。

◎ 北極振動

北極や南極は、寒気のたまり場です。

このたまった寒気は、一定の間隔で中緯度方面（南のほう）へとはき出されます。寒気がたまるか、もしくははき出されるかを決めるのは、極地の「気圧」です。風は気圧の高いところから低いほうへと吹きますから、極地の気圧が低ければ寒気がたまり、高くなればはき出されることになります。

この間隔（周期）をつかさどるのが**北極振動（AO）**[*1]と呼ばれるものです。北極振動とは、北極付近と中緯度（北緯40～60度程度）の地上気圧が、お互いにシーソーのように変動するようすを表します。

北極付近の気圧が平年より下がり、中緯度の気圧が上がる場合を「北極振動（AO）指数がプラス」といい、反対に**北極付近の気圧が平年より上がり、中緯度の気圧が下がる場合を「北極振動（AO）指数がマイナス」**といいます。

*1　AOはArctic Oscillationの略。

5-25 北極振動

北極振動	シーソーのように遠く離れた地域の気圧がペアになって変動をくり返す

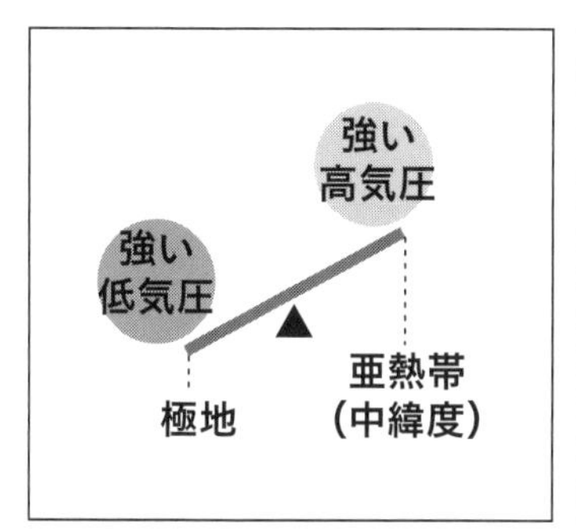

北極振動(AO)：正の値(プラス)

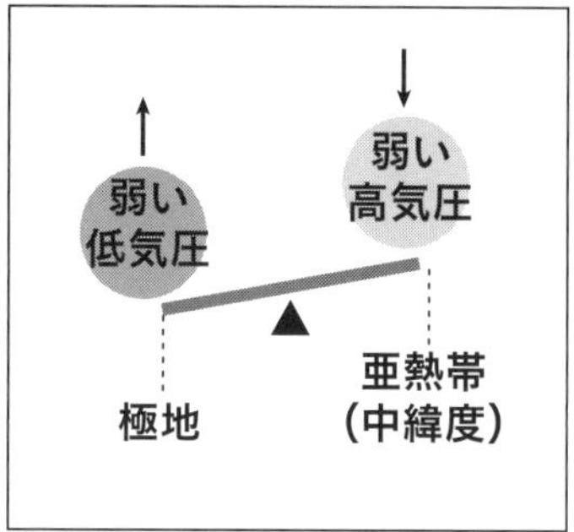

北極振動(AO)：負の値(マイナス)

◎ 北極振動と偏西風

AO 指数がプラスのときには、偏西風が「**東西流型**（東から西に流れる）」になりやすく、北極付近に寒気が蓄積されていきます。このときは寒気が北極付近に閉じこめられるかっこうです。

反対に AO 指数がマイナスになると、偏西風は「**南北流型**（北から南に流れる）」となります。このときは強い寒気がしばしば中緯度へ南下して、日本にも豪雪などをもたらしやすくなるのです。

偏西風が東西流型のときには低気圧は発達しにくく、天気のメリハリが小さい傾向にありますが、南北流型になると低気圧や高気圧がともに発達するので、極端な天候である「異常気象」の出現率も上がることになります。

5-26　東西流と南北流

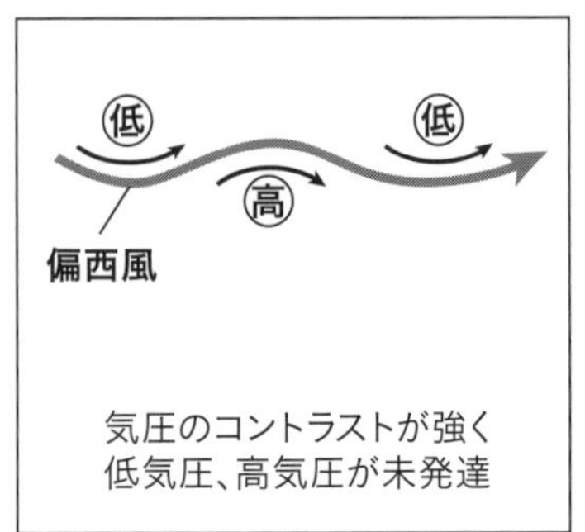

偏西風が東西流型になる　偏西風が南北流型になる

5-27　AO 指数と偏西風の関係

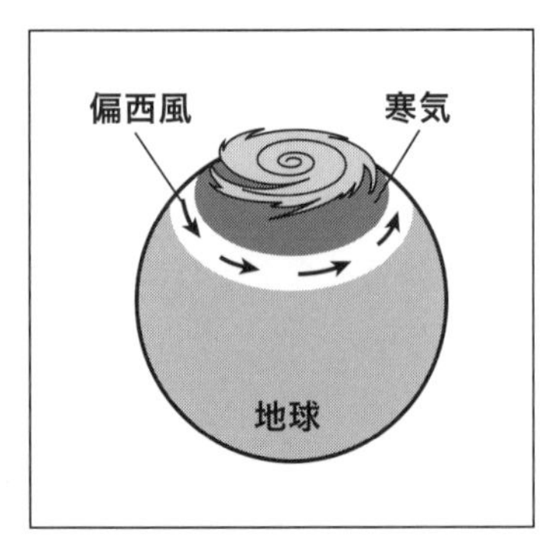

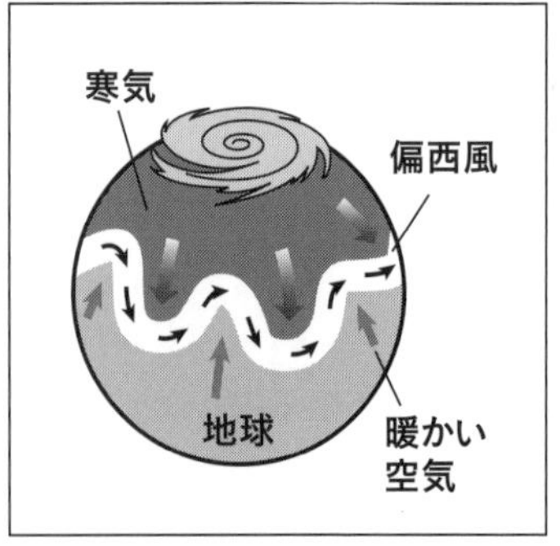

北極の寒気が閉じ込められる　北極の寒気が中緯度まで降りてくる

◎ 北極の氷山がとけると寒気が南下する

近年、このAO指数がマイナスになりやすい異変が起きています。その原因となっているのが北極の**氷山の融解**です。

氷山がとけると、北極の気温は上昇します。そして北極の気圧は上がることになります。つまり、北極の気圧が高くなって「AO指数マイナス」となるわけです。こうして**温暖化による氷山の融解が、中緯度への寒気の南下をうながしている**のです。

「地球温暖化なのに2018年の大寒冬は何だ？」という疑問が、これで解けたのではないでしょうか。

今後も温暖化が進めばAO指数はさらにマイナスになっていくことが予想できますから、中緯度への強い寒気の南下が増え、豪雪やはげしい雷雨など、シビアな現象をますます引き起こす可能性があります。

5-28　北極域の海氷面積の推移（年間でもっとも海氷が少ないときの値）

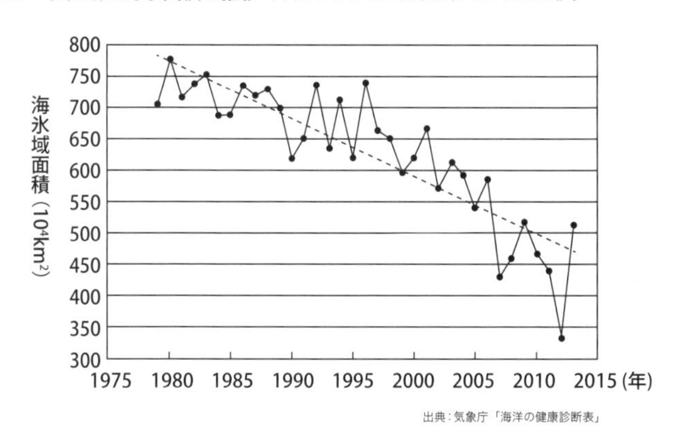

毎年上下はあるものの、長いスパンで見れば海表面積は減少している

48 火山の大噴火で地球は寒冷化する？

火山の大噴火が気象・気候に影響を与える例もあります。噴煙が日光をさえぎり、世界的な寒冷化を引き起こすことがあるのです。

◎ 東京の降雪記録

1984年は全国的に記録的な大寒冬でした。日本海側だけでなく、太平洋側でも豪雪になったことが大きな特徴です。東京で1シーズンに29日もの降雪を記録し、総積雪量はなんと、92センチに達しました。これは歴代ダントツ1位の記録です[*1]。

この年の大寒冬は、火山の噴火が一因と考えられています。1982年にメキシコ南部のエルチチョン山が大噴火し、噴煙が高度1万6000メートルにまで吹き上がりました。この噴煙が直射日光をさえぎり、世界的な寒冷化が続いたとされています。

5-29 東京の総積雪深

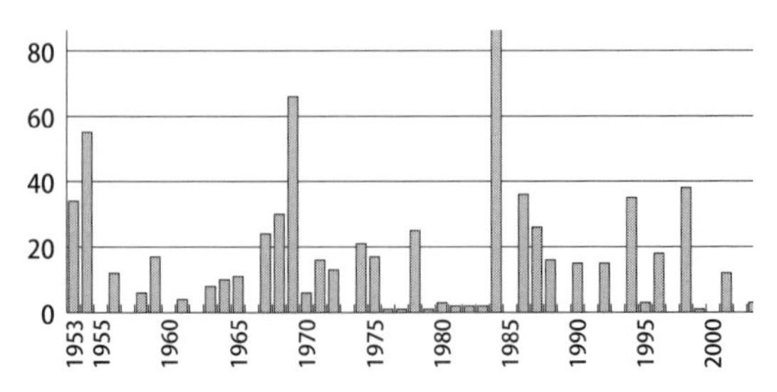

気象庁ホームページの資料をもとに作成

http://www.data.jma.go.jp/obd/stats/etrn/view/annually_s.php?prec_no=44&block_no=47662&year=&month=&day=&view=a4

*1 2014年に関東甲信地方の豪雪があった年でも、東京の1シーズンの総積雪量は49センチです。ですから、いまだに1984年は「伝説の冬」であり続けています。

Column

コラム

5 いろいろある！ 歴代最高・最低記録

日本の最高気温トップ 10

11 個中 8 個は、21 世紀の記録です。

順位	都道府県	地点	気温	日付
1 位	埼玉県	熊谷	41.1℃	2018 年 7 月 23 日
2 位	岐阜県	美濃	41.0℃	2018 年 8 月 8 日
〃	岐阜県	金山	41.0℃	2018 年 8 月 6 日
〃	高知県	江川崎	41.0℃	2013 年 8 月 12 日
5 位	岐阜県	多治見	40.9℃	2007 年 8 月 16 日
6 位	新潟県	中条	40.8℃	2018 年 8 月 23 日
〃	東京都	青梅	40.8℃	2018 年 7 月 23 日
〃	山形県	山形	40.8℃	1933 年 7 月 25 日
9 位	山梨県	甲府	40.7℃	2013 年 8 月 10 日
10 位	和歌山県	かつらぎ	40.6℃	1994 年 8 月 8 日
〃	静岡県	天竜	40.6℃	1994 年 8 月 4 日

日本の最低気温トップ 10

こちらは 21 世紀の記録がありません。

1位	北海道	上川地方旭川	–41.0℃	1902年1月25日
2位	北海道	十勝地方帯広	–38.2℃	1902年1月26日
3位	北海道	上川地方江丹別	–38.1℃	1978年2月17日
4位	静岡県	富士山	–38.0℃	1981年2月27日
5位	北海道	宗谷地方歌登	–37.9℃	1978年2月17日
6位	北海道	上川地方幌加内	–37.6℃	1978年2月17日
7位	北海道	上川地方美深	–37.0℃	1978年2月17日
8位	北海道	上川地方和寒	–36.8℃	1985年1月25日
9位	北海道	上川地方下川	–36.1℃	1978年2月17日
10位	北海道	宗谷地方中頓別	–35.9℃	1985年1月24日

最大10分間降水量

ごく短時間の強雨なので、偶然の要素が強く、どの地域でも出る可能性があります。

1位	新潟県	室谷	50.0mm	2011年7月26日
2位	高知県	清水	49.0mm	1946年9月13日
3位	宮城県	石巻	40.5mm	1983年7月24日
4位	埼玉県	秩父	39.6mm	1952年7月4日
5位	兵庫県	柏原	39.5mm	2014年6月12日
6位	兵庫県	洲本	39.2mm	1949年9月2日
7位	神奈川県	横浜	39.0mm	1995年6月20日

8位	東京都	練馬	**38.5mm**	2018年8月27日
8位	宮崎県	宮崎	**38.5mm**	1995年9月30日
〃	長野県	軽井沢	**38.5mm**	1960年8月2日

最大1時間降水量

香取以外、すべて西日本や南西諸島で記録が出ています。

1位	千葉県	香取	**153mm**	1999年10月27日
〃	長崎県	長浦岳	**153mm**	1982年7月23日
3位	沖縄県	多良間	**152mm**	1988年4月28日
4位	熊本県	甲佐	**150mm**	2016年6月21日
〃	高知県	清水	**150mm**	1944年10月17日
6位	高知県	室戸岬	**149mm**	2006年11月26日
7位	福岡県	前原	**147mm**	1991年9月14日
8位	愛知県	岡崎	**146.5mm**	2008年8月29日
9位	沖縄県	仲筋	**145.5mm**	2010年11月19日
10位	和歌山県	潮岬	**145mm**	1972年11月14日

日降水量

こちらはすべて西日本や南西諸島で記録が出ています。

1位	高知県	魚梁瀬	**851.5mm**	2011年7月19日

2位	奈良県	日出岳	**844mm**	1982年8月1日
3位	三重県	尾鷲	**806mm**	1968年9月26日
4位	香川県	内海	**790mm**	1976年9月11日
5位	沖縄県	与那国島	**765mm**	2008年9月13日
6位	三重県	宮川	**764mm**	2011年7月19日
7位	愛媛県	成就社	**757mm**	2005年9月6日
8位	高知県	繁藤	**735mm**	1998年9月24日
9位	徳島県	剣山	**726mm**	1976年9月11日
10位	宮崎県	えびの	**715mm**	1996年7月18日

最大風速

ほとんどが台風にともなうもの（8～9月）ですが、爆弾低気圧にともなう記録もあります。

1位	静岡県	富士山	**72.5m/s**	西南西	1942年4月5日
2位	高知県	室戸岬	**69.8m/s**	西南西	1965年9月10日
3位	沖縄県	宮古島	**60.8m/s**	北東	1966年9月5日
4位	長崎県	雲仙岳	**60.0m/s**	東南東	1942年8月27日
5位	滋賀県	伊吹山	**56.7m/s**	南南東	1961年9月16日
6位	徳島県	剣山	**55.0m/s**	南	2001年1月7日
7位	沖縄県	与那国島	**54.6m/s**	南東	2015年9月28日
8位	沖縄県	石垣島	**53.0m/s**	南東	1977年7月31日

9位	鹿児島県　屋久島	**50.2m/s**	東北東	1964年9月24日
10位	北海道　後志地方寿都	**49.8m/s**	南南東	1952年4月15日

最大瞬間風速

すべて8～9月の記録です。

1位	静岡県　富士山	**91.0m/s**	南南西	1966年9月25日
2位	沖縄県　宮古島	**85.3m/s**	北東	1966年9月5日
3位	高知県　室戸岬	**84.5m/s**	西南西	1961年9月16日
4位	沖縄県　与那国島	**81.1m/s**	南東	2015年9月28日
5位	鹿児島県名瀬	**78.9m/s**	東南東	1970年8月13日
6位	沖縄県　那覇	**73.6m/s**	南	1956年9月8日
7位	愛媛県　宇和島	**72.3m/s**	西	1964年9月25日
8位	沖縄県　石垣島	**71.0m/s**	南南西	2015年8月23日
9位	沖縄県　西表島	**69.9m/s**	北東	2006年9月16日
10位	徳島県　剣山	**69.0m/s**	南南東	1970年8月21日

第６章
『天気予報のしくみ』
を学ぼう

49「ネコが顔を洗うと雨が降る」のはなぜ？

多くの人が毎日必ずおこなうことのひとつに、「天気予報をチェックする」ことがあるのではないでしょうか。そんな身近な天気予報の歴史を振り返ってみましょう。

◎ 予測が難しいからおもしろい

みなさんにはどんな「日課」があるでしょうか。人それぞに毎日の決まった行動習慣があるでしょうが、おそらくその中のひとつに「天気予報をチェックする」という項目が入っているのではないかと思います。そのくらい私たちの生活と気象・天気との関係は、切っても切れない関係にあるといえるでしょう。

たとえば砂漠気候の国では、ほぼ毎日「晴れ」ですし、熱帯多雨林気候の国ではずっと「晴れときどき雷雨」です。このように毎日同じ天気では、あまり気象に興味を抱くことはないはずです。そういう意味では、翌日の天気すら予測が困難なところが日本の魅力ともいえるのかもしれません。

今や日本人の生活の1コマになっている天気予報ですが、そもそも天気予報はいつ、どのようにして始まったのでしょうか。

◎ 観天望気

天気図や気象庁ができるはるか昔から、「観天望気（かんてんぼうき）*1」と呼ばれる言い伝えがたくさん存在し、各地で天気予報に用いられてい

*1　雲や風、虹、太陽、月、さらには地震などの「自然現象」や、生き物の行動変化などから、これからの天気を予想すること。天気のことわざとして現在に言い伝えられているものもあります。

ました。有名なものを下記にあげてみましょう。

- **春の東風は雨**
  西方に低気圧があることが示唆される
- **クモの巣に朝露がかかっていると晴れ**
  放射冷却が強まった証拠で、雲の気配がない
- **太陽や月に、暈（かさ）がかかると天気くずれる**
  暈をつくる巻層雲は、温暖前線接近の前触れ
- **ツバメが低く飛ぶと雨が降る**
  温度が上がると、エサとなる羽虫の羽も重くなって低く飛ぶ
- **ネコが顔を洗うと雨が降る**
  温度が上がるとひげが垂れ下がり、それを気にして顔を洗うようになる
- **カマキリが高いところに卵を産んだ年は豪雪**
  卵が雪に埋もれないように高いところに産む

また、マニアックなものとしては、

- **サムライアリが奴隷狩りに出かけた晩は雨が降らない**
- **クマケムシの背中の縦線が太いほど寒冬**

などというものまであります。

サムライアリとは不思議な生態を持つことで知られるアリで、アリでありながら一切「働く」ことができません。そこでどうするかというと、他のアリ（クロヤマアリなど）の巣に侵入して蛹（さなぎ）をうばい、蛹から羽化したクロヤマアリに、巣づくり、子育て、エサ集めなどをやってもらうのです。

また、クマケムシは、よく道をハイスピードで横断している毛虫です。毛虫の中でもとくに毛深く、「もふもふ」としています。シロヒトリやスジモンヒトリという蛾の幼虫で、タンポポやオオバコなどの、一株当たりが小さい「雑草」を食べて育ちます。食欲旺盛なクマケムシは、オオバコ一株などすぐに食べ尽くしてしまいますが、幸い、オオバコは探せばどこにでもあるために、毛虫らしからぬ「歩く」というスキルが発達したと考えられます。

今度クマケムシを見つけたら、茶色い背中の縦線の太さを観察してみましょう。線が太いと、その年の冬の寒さが厳しくなると言われているのです[*2]。

昆虫をはじめとした野生動物にとっては、天候を予測できるかどうかは死活問題です。あたかも五感のように、天気予報の能力が備わったのかもしれませんね。

◎ 天気図の登場

さて、歴史上はじめて天気図が登場したのは19世紀です。ドイツの気象学者であるブランデス[*3]が、地上の気圧の分布を表したもの（天気図の原始的なもの）を作成しました。これを天気予報の道具として使おうと考えたところまではよかったのですが、なんと天気図をつくるのに37年もかかってしまいました。これ

*2　ニューヨーク自然史博物館のC・ハワード・カラン氏が、このことを研究し、当時の気象予報より正確であったことを報告しています。

*3　ハインリヒ・ブランデス（1777-1834）は、1783年3月の嵐についての天気図を1820年に発表しました。

では実用もヘッタクレもありません。

国家の仕事として世界初の天気図がつくられるきっかけになったのは、19世紀半ばの1854年です。この年の11月にフランス艦隊が猛烈な嵐に遭って全滅したことがきっかけとなりました。フランスを率いるナポレオンは「嵐が来ることが事前にわかっていれば全滅は防げた」と考え、パリの天文台長ルヴェリエ[*4]に調査を依頼します。依頼を受けたルベリエは「11月12日から16日までの5日間、みなさまの地方の気象状態をお知らせください。風や気圧、湿度がどんなふうであったか教えていただきたいのです」とヨーロッパ中に手紙を出しまくりました。そして250通もの返事を受け取り、それを取りまとめることで嵐に前触れがあることを発見したのです。

ルヴェリエは天気が「動いてくること」に気づきました。ヨーロッパ各地の風向や気温の変化などを調べ、とうとう1856年に天気図をつくることに成功しました。天気図によってこの暴風雨が、スペイン付近から地中海を通って黒海に進んできた低気圧によって起こされたことまでわかったのです。

こうして、天気の変化が国家の運命を左右しかねないことが人々に認識され、天気図作成が本格化していくことになります。

◎ 日本の天気予報

やがて天気図が日本に入って来たのは1883（明治16）年のことです。海外の科学者に気象観測の方法を教わり、日本でも天気図の歴史が始まることになります。

*4 ユルバン・ルヴェリエ（1811-1877）はフランスの数学者、天文学者。「天王星の動きがおかしい」と感じたことから、海王星を発見した人物としても知られています。

まず各地に測候所がつくられ、1884（明治17）年6月1日、気象庁の前身にあたる東京気象台から、日本で最初の天気予報が発表されました。その予報は「全国一般風ノ向キハ定リナシ天気ハ変リ易シ　但シ雨天勝チ（全国的に風向は定まらず、天気は変わりやすく、雨が降りがち）」というかなりおおざっぱなものであったうえ、予報の的中率はきわめて低かったと記録されています。

こうして天気図を使った毎日の天気予報が開始され、今日では、レーダー、アメダス、ひまわりの「三種の神器」もそろったうえ、スーパーコンピューターによる数値予報の技術も活用されることで、予報の的中率はどんどん上がっていったというわけです。

50 気象観測にはどんな機械が使われている?

天気予報のために使われる気象観測の技術は年々進歩しています。また長年蓄積した観測データは、日々の天気予報のほか、地球温暖化の解明や予測にも使われています。

◎ ひまわり8号

気象庁が2014年10月7日に打ち上げ、2015年7月7日に運用を開始した**ひまわり8号**は、日本域ならびに地球の観測をおこなっている**静止気象衛星**です。「静止」といっても絶対的に止まって浮かんでいるのではなく、地球の自転と同じ向きに周回しているため、静止しているように見えます。

ひまわり8号は、全球の観測は10分ごと、日本域の観測と台風などを追跡する機動観測は2.5分ごとにおこなっています。その映像を気象庁のウェブサイトで見ることができます*1。

6-1 ひまわり8号

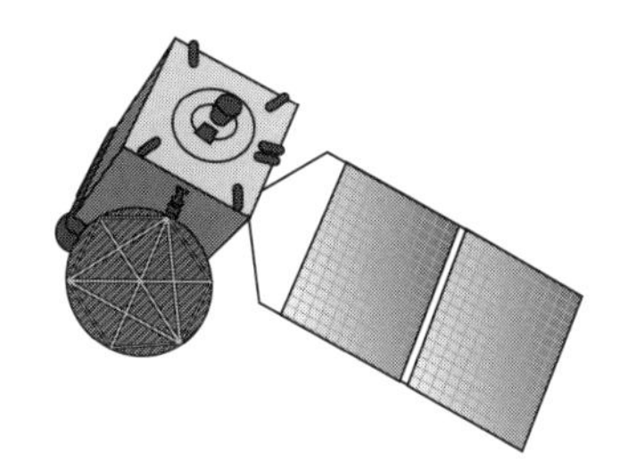

ひまわりリアルタイム Web
https://himawari8.nict.go.jp/ja/himawari8-image.htm

*1 今では当たり前になりましたが、当時、気象好きの人々は「えっ？こんなのが、毎日好きなときに見られるような世の中になるの？」と、ドラえもんがやってきたかのような感動を覚えたものです。

ひまわり８号に搭載している可視赤外放射計は、人間の目で見ることのできる「可視光」から、目に見えない「赤外線」までのさまざまな波長帯で **電磁波の強さ**を観測しています。これらの観測結果を雲画像として表示することで、見慣れた「衛星画像」となります。

もっともよく用いられるのは**「赤外画像」**で、テレビの天気予報でもたいていこれを使って解説されます。赤外線の強さは、温度によって異なります。温度が低い雲は白く、温度が高い雲は黒っぽく表示されます。

雲は、高くそびえ立つほど雲頂の温度は低くなるので、活発な積乱雲は白く輝いて見えます。同時に、上空高いところに浮かび、降水をもたらさない巻雲も真っ白に表現されてしまうという難点があります（慣れてくれば、形状から直観的にどちらの雲かはわかりますが）。

続いて**「可視画像」**は、私たちの目に見える可視光線の反射を表現した画像です。つまり、人間が宇宙から見下ろして、目で見たのと同じ映像を表現しています。雨をともなうような発達した雲は厚みがあるので、太陽光を強く反射して白っぽく写り、視覚的にもわかりやすい画像になります。しかし夜間は真っ暗になり、画像が黒一色になってしまうので使用できません。

そのほかにも、対流圏の中層から上層の水蒸気量を表現する**「水蒸気画像」**や、積乱雲を見つけるのに一役買う「雲頂強調画像」などもあります。

*2　アメダスは、AMeDAS = Automated Meteorological Data Acquisition System の略。

6-2 赤外画像

出典：気象庁ホームページ *https://www.jma.go.jp/jp/gms/large.html?area=0&element=2&time=201907220900*

6-3 可視画像

出典：気象庁ホームページ *https://www.jma.go.jp/jp/gms/large.html?area=0&element=2&time=201907220900*

6-4　水蒸気画像

出典：気象庁ホームページ　*https://www.jma.go.jp/jp/gms/large.html?area=0&element=2&time=201907220900*

◎ アメダス

日本には全国約1300か所（約17キロ間隔）に、アメダスという自動観測システムがあり、降水量を観測しています。そのうち約840か所（約21キロ間隔）では、降水量に加えて風向・風速、気温、日照時間の観測も自動でおこなっています。さらに、雪の多い地方の約320か所では積雪の深さ(積雪深)も観測しています。

見た目は地味で、学校によくある「百葉箱」に似ています。身近な場所に設置してあっても気がつかず、毎日素通りしているなんてこともあるかもしれません[*2]。

アメダスは1974年11月1日に運用を開始し、これまでのデ

*3　アメダスの観測が気象災害の防止・軽減に果たす役割は大きく、仮にアメダスにいたずらをした場合は、懲役刑を含む厳しい刑罰が課せられます。

ータを気象庁のウェブサイトで見ることができます。誰でも手軽に「研究」が始められる、すばらしい環境ですね。

6-5 アメダス

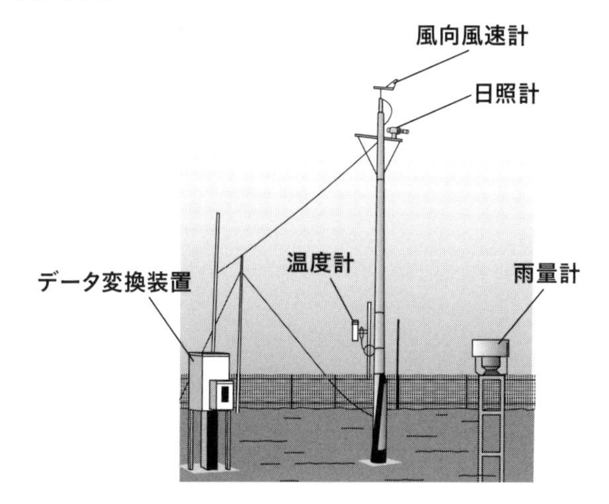

なお積雪の観測は、雪の少ない太平洋側の地域では、観測が非常にまばらです。東京都心（大手町）の積雪深は観測しているものの、奥多摩や八王子はアメダスでは観測していません。アメダス以外に、地方自治体などが測定したデータを報道に用いることがある程度です。インターネットが発達した現代では、SNSやメーリングリストなどを用いて、データを集めることもあります。

まれに、積雪深の観測がない地点で、「気温が氷点下で降水量が1時間に20ミリ」など、すさまじい雪が降ったことがうかがえる観測値を目にし、「積雪計があったら、記録的なデータだったのではないか」と、ちょっと歯がゆく思うこともあります[*4]。

また、全国約60か所の気象台では、これらの気象要素に加えて、天気や視程[*5]、雲の状態などを目視により観測しています。

◎ ラジオゾンデ

上空・高層の観測は、**ラジオゾンデ**というものを打ち上げておこなっています。ラジオゾンデとは、気圧、気温、湿度等の気象要素を測定するセンサを搭載し、測定した情報を送信するための無線送信機を備えた気象観測器を、気球に吊るして飛揚させるものです。毎日9時と21時に気球を打ち上げるわけですが、これが意外に難しく、新人の頃には気球を割ってしまったなどという逸話も耳にします。

ラジオゾンデは気球に乗って上空約30キロまでの観測をおこなった後、気球は破裂し、パラシュートで落下してきます。万一の事故を防ぐためか、観測地は沿岸でありほとんどが海上へと落下しますが、落ちてきたゾンデを拾うと幸せになれるという迷信が気象マニアたちのあいだで密かに語り継がれていたりもします。

6-6　ラジオゾンデ

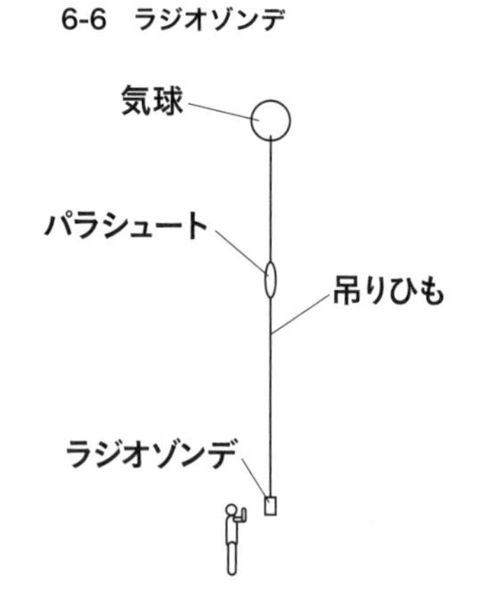

*4　ちなみに、降水量1ミリが雪になると積雪は1〜5センチくらい、1時間に3ミリ以上の降水が雪として降れば天気としては「雪強し」となります。
*5　水平方向での見通せる距離。担当職員が目視でおこなっていますが、個人差が生じないように十分な訓練を受けています。

ラジオゾンデによる高層気象観測は16か所の気象官署（気象観測や天気予報の予報業務をおこなう公的機関）と昭和基地（南極）、その他海洋気象観測船 *5 でもおこないます。

6-7 海洋気象観測船

出典：気象庁ホームページ https://www.data.jma.go.jp/gmd/kaiyou/db/vessel_obs/description/vessels.html

気象庁は、北西太平洋および日本周辺海域に観測定線を設け、2隻の海洋気象観測船によって定期的に海洋観測を実施している。海洋の表面から深層に至るまでの水温、塩分、溶存酸素量、栄養塩および海潮流などの海洋観測のほか、海水中および大気中の二酸化炭素濃度の観測をおこなっているほか、海水中の重金属、油分などの汚染物質、その他の化学物質のほか、研究を目的とした観測もおこなう。地球温暖化の予測精度向上につながることも期待される。

◎ 昭和基地

日本から直線距離で約1万4000キロ離れたリュツォ・ホルム湾東岸、南極大陸氷縁から西に4キロの東オングル島に位置しているのが南極の昭和基地です。

現在では、地上気象観測、高層気象観測、オゾン観測及び日射放射観測を実施しています。これらの観測結果は、世界気象機関

(WMO）の国際観測網の一翼を担い、得られた観測データはすぐに各国の気象機関に送られ、日々の気象予報に利用されています。

また延べ300名におよぶ気象隊員の努力により、50年以上の観測データが蓄積され、そのデータは地球温暖化やオゾンホール等の地球環境問題の解明と予測の基礎データとして利用されています。

派遣された気象隊員は、1年以上にわたり昭和基地で生活します。昭和基地ではさまざまな設備が整えられており、インターネットも使えるなど室内では国内とほとんど同様の生活を送ることができます。しかし、いったん屋外に出ると低温と強風の厳しい環境で、外出の際は必ず無線機を携帯しなければなりません。

現在運用している南極の基地は、昭和基地のほかに、ドームふじ基地、みずほ基地、あすか基地があります。

6-8 昭和基地

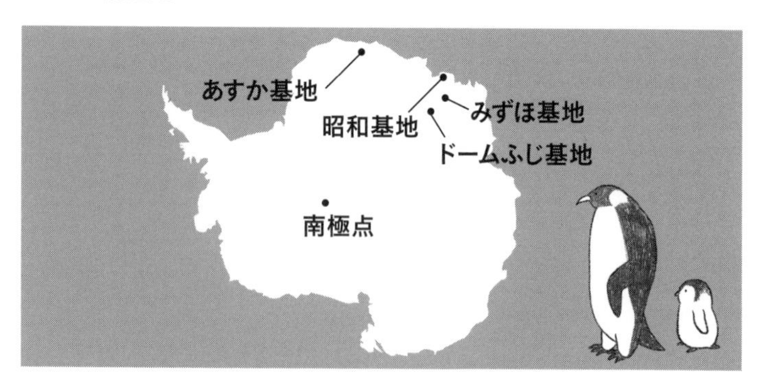

51 天気予報の精度が85～90%あるって本当なの？

現在の天気予報は、基本的に「数値予報」と「スーパーコンピュータ」をもとにしておこなわれます。的中率は意外と高く、９割に迫ります。予測の方法を見てみましょう。

◎計算によって予測する「数値予報」って何？

20世紀のはじめ、「数値予報の父」と称えられるイギリスのリチャードソン[*1]は、さまざまな気象のデータや空気の動きをもとに、「計算」によって未来の大気の状態を予測する方法を考えました。これが「数値予報」という概念の誕生といえるでしょう。彼は**手計算で未来の天気図をつくることを試みた**のです。しかしこの計算方法で実用の天気予報として使うに耐える天気図をつくるには、なんと6万4000人もの人が必要とされ、現実的ではありませんでした。

そこへ救済主として現れたのが、コンピューター（＝計算機）です。膨大な量の手計算から解放され、作業時間を指数関数的に縮めることが可能となりました。

スーパーコンピューターによる数値予報が台頭してくるまでは、天気予報は過去の経験則の蓄積、すなわち**予報官の勘に頼るところが大きかった**のです[*2]。それがスーパーコンピューターによる数値予報の登場により、精度も向上、予報官の勘と経験からデータ重視へと変わっていったわけです。

*1 ルイス・フライ・リチャードソン（1881-1953）は、イギリスの数学者・気象学者。
*2 そのため、予報官によって予報の的中率に差があったほか、一人前の予報官になるまでには長期にわたる「厳しい修行」が必要となるなどの問題がありました。

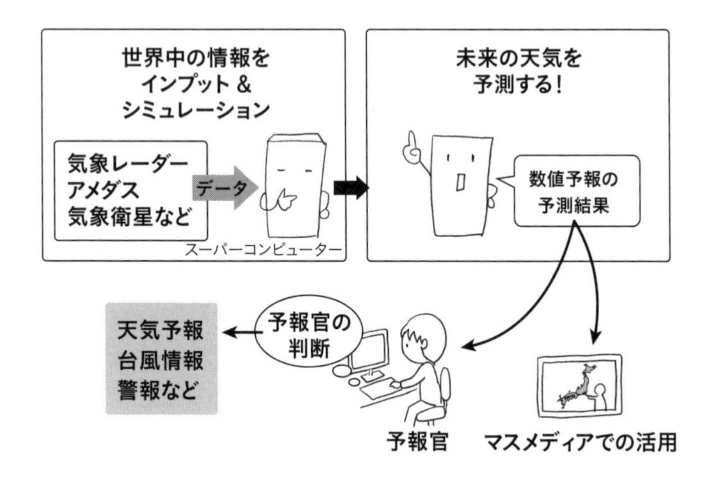

◎スーパーコンピュータ「IBM704」

アメリからでは1949年から、コンピューターを使って天気図を作成しています。1955年、米国気象局はスーパーコンピューター（IBM 704）を導入し、数値予報を実用化。その4年後の1959年に日本の気象庁でも同機を導入し、アメリカに次いで数値予報を開始したのです。なお、現在のスーパーコンピューターは初代から数えると9代目にあたります。

仮に数値予報がなければ、天気予報は今では、レントゲン画像を読んだり、芸術作品を解釈したりするような直観的・職人的なものへと進化していたかもしれません。それが、数値予報ができたために、物理学という分野の配下にあるのです。

◎天気予報の「的中率」が意外と高い理由

それでは、天気予報の的中率はどれくらいなのでしょうか。

現在の天気予報の的中率は、西洋占星術より高くタロットより低い[*3]**約85～90%**です。「えっ、本当にそんなに高いの？」と思ったのではないでしょうか。

こんなに高く出るのには理由があります。それは、**天気予報の的中率は「降水の有無」のみに着目して評価されるから**です。

たとえば「晴れ」と予報したのに「曇り」とか、「雨」と予報したのに「雪」であった場合も正解になってしまうというカラクリがあります。天気予報ユーザーの一般国民としては、いささか納得しかねるところでしょうが、数値予報の限界との兼ね合いで致し方ない面があるのでしょう。

ただ気温においては、**最高気温の誤差は1.5～2℃**まで向上しました。気温が1～2℃ちがうことを意識する機会はあまりないので、こちらは比較的すぐれた予報精度といえそうです。

◎「バタフライ効果」は予測不能

気象庁では毎日の天気予報を7日先まで出しています（日本気象協会は10日先、ウェザーマップは16日先まで出すようになりました）。スーパーコンピューターを用いてもなお、これより先の天気予報が難しいのには理由があります。それが、**「バタフライ効果」**の存在です。

*3 参考までに、占いの的中率（占いでは何をもって「的中」とするか難しいので、あくまで感覚です）は、手相で6～7割、西洋占星術で7～8割、タロットで9割以上といわれています。

バタフライ効果とは、俗に「北京でチョウが羽ばたけば、ニューヨークに雨を降らせる」などと表現されるもので、**昆虫の羽ばたきのようなごくわずかな大気の変化が、積もり積もって遠い未来の物理現象をも変えてしまう**というものです。

チョウの羽ばたきによる空気の揺らぎはとるにたらないレベルですが、1日、2日と時間が経てば、世界中で何兆というチョウの羽ばたきがあるかもしれません。チョウだけでなく鳥もコウモリもいますし、人間が消しゴムを擦って摩擦熱を発生させたり、クシャミをしたりもするでしょう。これらの影響までを計算に含めることは事実上不可能です。

こうした些細な「揺らぎ」が、チリのように積もり積もるために、遠い未来の現象はなかなか予測できないですのです。

◎ 予報の精度向上のために

そうはいっても、予報の精度を上げるための努力は続いています。気象庁ではとりわけ、数値予報モデルの改良に尽力しています。数値予報モデルを細かくして高解像度化したり、アンサンブル予報を導入したりすることで、豪雨防災、台風防災、温暖化への適応策に応用することなどが計画されているのです[*4]。

*4　参考：『2030 年に向けた数値予報 技術開発重点計画』（気象庁）

52 桜の「開花予報」はどうやってつくるの？

お花見は、お正月やお盆、クリスマスと並んで、日本人になくてはならない大イベントですね。春の訪れを告げる「桜の開花予報」について見ていきましょう。

◎「月に叢雲、花に風」

桜は、バラ科サクラ属サクラ亜属の植物です。日本人が大好きな「お花見」がクリスマスやお正月とちがうのは「自然に大きく依存している」ということです。花見の日が雨だったり、極端に寒かったりすると楽しみが半減してしまいます。たとえば2010年は、記録的な「寒春（かんしゅん）」で、東京でも4月17日に雪がうっすら積もるというとんでもない春でした。

『月に叢雲（むらくも）、花に風[*1]』という諺（ことわざ）もあります。花見にはとかく、邪魔者が入りやすいのです。満喫するのは意外に難易度が高い点も、人気の秘訣かもしれませんね。

ところで、桜の開花予報はかつて気象庁がおこなっていましたが、今では日本気象協会やウェザーマップ、ウェザーニューズなどの民間企業が細かな予報を出すようになりました。そのため気象庁では、「開花宣言」をおこなうのみとなっています。

*1　名月の夜には雲がかかってお月見ができず、満開の桜には風が吹いて花を散らしたりする。よいことには邪魔が入りやすく、長続きしないことのたとえ。「叢雲（むらくも）」とは、集まり群がった雲のこと。

◎ 開花予報のつくり方

全国各地に**「標本木（ひょうほんぼく）」**と呼ばれる木があります（東京では靖国神社にあります）。その標本木で数輪（5、6輪）が開花していればれば「開花宣言」となります。では、どのようにしてその「開花」を「予報」するのでしょうか。

桜の開花予報では、気温と過去50年のデータから、どういう気温だといつ咲くのか、今年の気温はどうなっていくのかということを考えていきます。たとえばウェザーマップでは、コンピュータで1万通りの気温などの「ストーリー」を考え、その1万通りのストーリーをもとに、桜の開花日を割り出していくそうです。てんでに発言する1万人の意見を聞いてそれを取りまとめるようなものであり、コンピューターならではの仕事といえそうです。「災害につながるようなシビアな予報ではないけれど、期待する人が多く、大変要求が高い予報なのです」と担当の方は話していました。

桜は冬の寒さに触れると「休眠が打破」されます。そして今度は、気温が高くなるにつれて花芽（はなめ）は成長し、やがて開花を迎えるのです。つまり**「初冬の寒さが厳しく、春の訪れが早い」ほど開花が早まる**ことになります。2018年は記録的に早い開花でしたが、12月〜1月の寒さがきわめて厳しく、2〜3月は比較的暖かかったためです[*2]。

◎ 温暖化で桜が咲かなくなる？

この「休眠打破」ですが、厳しい寒さであるほどぱっちりと目

*2　東京では12月の平均気温は平年より1℃、1月は0.5℃、2月は0.3℃低く、3月は2.8℃高かった。

覚め、寒さが弱いと「寝ぼけたよう」な状態になります。そのため、**暖冬の冬はかえって開花が遅れる**ことになります。

桜は一般に南から北へと開花が広がりますが、九州などは北から南へと開花が広がります。福岡で咲き始めて、最後に鹿児島に到着するのは、鹿児島では「休眠打破」が鈍いためなのです。

そのことに関連して心配なことがひとつあります。このまま温暖化が激化すると、将来桜が咲かなくなるおそれがあるということです。冬があまりに暖かくなると花芽の休眠が打破されなくなってしまうからです。

◎ ソメイヨシノは「クローン」だから予測できる

ところで、「生物には個性があるのになぜ予報が可能なのだろう？」と疑問に思わないでしょうか。たとえば同じ人間でも、4時に起きるのが平気という方もいれば、8時に起きるのもしんどいという方もいます。そのような個体差は考慮しなくてよいのか、ということです。

じつは、桜の開花予報についてはあまり考慮の必要がないのです。それは桜の開花予報に用いられるのがソメイヨシノで（一部地域を除く）、**日本のソメイヨシノのほとんどは「クローン」**だからです。

クローンとは、接ぎ木や挿し木などの「無性生殖」で増やされたもので、いわばコピーであり、まったく同じDNAを持っているもののことをいいます。このために、同じ気象条件であれば、ほぼ同時に咲くことになると予測できるわけです[*3]。

*3　クローンですから「弱点」もみんな一緒です。そのため苦手な病気が流行れば一気に絶滅してしまう可能性も有しています。

53 めずらしい「予報」にはどんなものがある?

天気予報でおなじみなことは「明日の天気」や「最低(最高)気温」「向こう１週間の天気」、といったことでしょう。しかしそれがすべてではありません。めずらしい「予報」を見てみましょう。

◎「梅雨入り」「梅雨明け」

気象庁は「梅雨入り」、「梅雨明け」という言葉を使うものの、じつは明確な定義はありません。梅雨前線の影響で2、3日曇りや雨の日が続くと「梅雨入り」、梅雨前線が北上して夏空が広がり、もう影響がないと判断できれば「梅雨明け」です。このため、現在では「梅雨入り(明け)したとみられる」という、かなり曖昧な表現で発表していることにお気づきではないでしょうか。この速報値は毎年9月に再検討をおこない、変更になることも少なくありません。

予報を難しくしている理由は、雨雲の幅にもあります。通常の雨雲は1000キロスケールの大きさ(幅)をもつのが一般的ですが、梅雨に雨を降らす梅雨前線は100キロほどです。そのため前線の微妙な位置のずれで雨の降り方が変わってしまいます。そのうえ集中豪雨も多く、年間でもっとも天気予報が難しい季節なのです。

◎ 紫外線予報

私たちの目には見えない、波長が短くエネルギーの強い光のようなもの（一部の昆虫などには見える）が紫外線です。

近年オゾン層の破壊によって地表面への照射量が増加しており、降り注ぐ紫外線も増えているとされます。そのためシミやそばかす、皮膚がんや白内障を引き起こす原因となります。

気象庁では日々の紫外線対策を効果的におこなえるように、UV インデックスを用いた「紫外線情報」を提供しています[*1]。

紫外線の量は、快晴より「曇りに近い晴れ」のほうが強くなります。雲からの反射（照り返し）があるためです。砂浜などでは反射が強く、また高所でも UV インデックスより強い紫外線を受けることがあるので注意が必要です。

◎ PM2.5

「PM 2.5」とは、大気中に浮遊している直径 2.5 マイクロメートル[*2] 以下の非常に小さな粒子のことをいいます。PM とは「Particulate Matter（微粒子状物質）」の頭文字をとったもので、工場や自動車、船舶、航空機などから排出されたばい煙や粉じん、硫黄酸化物（SO_x）などの大気汚染の原因となる粒子状の物質です。粒子の大きさが非常に小さいことから、肺の奥まで入りやすく、ぜん息や気管支炎などの呼吸器系の疾患への影響が懸念されています。

PM2.5 予測情報では、健康への影響が懸念される PM2.5 の分布について、日本気象協会の独自気象予測モデルなどを用いて、現在から 48 時間先までの傾向を予測しています。

*1 UV とは、ultraviolet rays の略で「紫外線」の意味。
*2 1 マイクロメートル（μm）は、1 ミリ（mm）の 1000 分の 1。

◎ 黄砂（こうさ）

黄砂の予測には、黄砂発生域での黄砂の舞い上がり、移動や拡散、降下の過程等を組み込んだ気象庁の数値予測モデルを用いています。黄砂予測図は、この先の地表付近の黄砂濃度や大気中の黄砂総量の分布を、数値予測モデルで計算したもので、4日分の3時、9時、15時、21時の予測図を見ることができます。大気中の黄砂総量の予測図は、地表面から高さ約55キロまでのあいだの1平方メートルあたりに含まれる黄砂総量に応じて、色に濃淡をつけて表示したもので、大気中に黄砂が浮遊していることによって感じる空のにごり具合に対応する情報です。

◎ 花粉

空気中のスギやヒノキの花粉を観測し、気温や天気から花粉の飛散量を予測します。環境省や民間気象会社が実施しています。

前年の夏に暑いと翌春の飛散量が多く、暖かくて風が強い日にとりわけ飛散量が多くなります。

◎ 3か月予報

季節予報では、向こう1か月間や3か月間の天候を予報の対象とします。ただし、季節予報は、1か月後までや3か月後までの毎日の天気を予報するものではありません。季節予報では、平年の状況と比べてどのような天候が見込まれるか、という点に注目するのも特徴です。

たとえば、向こう1か月間の予報をする「1か月予報」では、来月のある日の天気を「晴れ」や「雨」といったように予報するのではなく、１か月間の大まかな天候を「向こう１か月間は曇りや雨の日が多い」のように、期間の大まかな天候を予報します。

数値予報モデルを用いて予測しているという点では明日・明後日の天気予報と同じですが、長期間の予測をおこなう季節予報では初期値に含まれるわずかな誤差が大きくなってしまい、不確定さが増して予測不可能な状態になってしまう場合があります。そのため、複数の予報をおこなってその結果を統計的に処理するアンサンブル予報[*3]という手法を用いて不確定さを考慮しています。アンサンブル予報は、１か月予報、３か月予報、暖候期予報、寒候期予報の４つの季節予報すべてで用いられています。

大まかな傾向の予報なので、的中率何％と判断するのは困難です。

◎ まだある「予報」のいろいろ

民間気象会社では、海、山、ゴルフ場の天気やスキー場積雪予報など、ユーザーに特化したさまざま予報を出しています。たとえば洗濯物が乾きやすいか否かに特化した「洗濯指数」は、テレビでも報道されているのでなじみのある人も多いでしょう。

また、気温や天気によって売れ行きが大きく変わる商品に関連した「ビール指数」や「のど飴指数」などを出しているところもあります。そのほかに、「発雷確率」や「雲量確率」などもあります。

比較的簡単なデータ処理で相関関係の有無を診断できるので、これからは無限にユニークな予報をつくれる可能性があります。

*3　観測値に基づいた初期値にわずかなばらつきを与えて複数の数値予報をおこない、その平均（アンサンブル平均）を求めることで大気の状態を予測するというもの。

◎たくさんの「予報」が出てきたワケ

かつて1994年までは、天気予報を出すことができるのは気象庁のみでした。しかし気象予報士の資格ができたことで、民間でも予報を出すことが可能になり、予報内容もユーザーに合わせたきめ細かなものに変わってきました。現在、さまざまな「予報」があるのはそういった理由があるのです。

花粉予報、紫外線予報なども、一昔前までは考えられなかった予報といえます。しかし日本人の多くにアレルギーが広がり、スギ花粉症が増えたり、オゾン層の破壊で太陽からの紫外線が増えたり、といったことで登場した経緯があります。このように、私たちのニーズに合わせて、天気予報も進化してきたというわけです。

もっともこれまでは、「イヤなことを防ぐため」や、環境問題の把握・抑制などに「予報」の力点がおかれていました。しかしこれからは、「明るい予報」も出てきて欲しいと思っています。「虹の出現予報」とか、「グリーンフラッシュ予報[*4]」なんて出てきたら、天気予報はもっと楽しいものになるのではないかと期待しています。

*4 「グリーンフラッシュ」とは、太陽が沈む直前、または昇った直後に、緑色の光が一瞬輝いたようにまたたいたり、太陽の上の弧が赤色でなく緑色に見えるようになったりする、きわめてまれな現象のこと。緑閃光（りょくせんこう）ともいう。「見ると幸せになる」と言い伝えられています。

54 気象関連の仕事、予報士試験ってんな感じなの？

天気にものすごく興味を持ってくれた方は、気象庁や気象会社で働きたいと思う方もいるかもしれません。また気象予報士資格試験にチャレンジするのもおすすめです。

◎ 気象庁・気象会社

気象に興味を持った学生は、将来気象の仕事をしたいと考えることも多いでしょう。純粋な天気予報をする職場には、「気象庁」と「民間の気象会社」があります。

気象庁職員は国家公務員です[*1]。大きな特徴としては、夜勤があることと、転勤が頻繁にあることです。転勤といっても、都市とはかぎりません。鳥島のような無人島だったり、さらに南極だったりすることもあり得るのです。「世界中津々浦々、いろんなところに住んでみたい」という方や、私もそうなのですが「夜行性」の方には天職になるかもしれませんね。

一方民間の気象会社で働くためには、入社試験や面接を受けて就職します。日本気象協会とウェザーニューズ社を除いて小規模の企業が多く、求人も多くありません。景気やタイミングによって入社の難易度が刻々と変化するようです。私のように、新卒で全滅しても中途採用で受けたら複数社にすんなり受かってしまう例もあります。

*1 気象庁は国土交通省の外局で、国家公務員試験に合格することで職員として採用されます。気象大学校へ進学するルートもありますが、いずれも年齢制限に注意が必要です。

気象会社は、それぞれに個性があり、雷に特化したフランクリン・ジャパン、気象キャスター業務に特化したウェザーマップなどいろいろです[*2]。

◎ 気象予報士資格試験

「気象予報士」とは、気象予報士試験に合格し、気象庁に登録した人を指します。気象庁も気象会社も、気象予報士の資格は必須ではありませんが、取得しておくほうがベターでしょう。それは、「気象が大好きで、基礎的な知識がある」ことを客観的に示せるからです。私見には微分方程式など大学レベルの理数系の知識が必要だと思われがちですが、じつは出る式はおおよそ決まっています。うまく勉強すれば、小学生や中学生でも十分に合格可能なのです。2019年春現在、最年少合格者は11歳です(ちなみに、最高齢は74歳)。とはいえ、「専門知識」ではかなりマニアックな問題も出題されるので、気象がかなり好きな方でも「勉強ナシ」では厳しいでしょう。

合格率は4%台と難関に感じてしまいますが、一般知識、専門知識、実技2科目があり、一部科目で合格している人はもっといるのです。試験は夏と冬、年に2回おこなわれます(2019年夏が52回目となります)。合格者の累計も1万人を超えました。

天気や気象が好きな方、とくに11歳未満、あるいは74歳を超えている方、ぜひとも勇敢にチャレンジして記録更新を目指してみてはいかがでしょうか。

*2 気象キャスターになった場合を除き、転勤はあまりないでしょう。業務内容によっては24時間体制でないところもあり、9〜17時の規則正しい業務時間の会社もあります。

Column

コラム

6 「自然災害ゼロ」の社会を目指して

地球温暖化、酸性雨、森林破壊、砂漠化……。さまざまな環境問題は、産業革命後、世界人口が急増するとともに私たちに襲いかかってきました。気象と環境問題、そして人口爆発は切っても切り離せない問題です。

1970～1980年代、環境問題が激化し、日本政府も必死で人口を減らそうとしていました。当時の新聞では「子どもは最大でも2人までにして」という字がおどっていた記憶がある人もいるでしょう。

しかしバブル崩壊後、長い不況と経済の低迷で、地球環境を思いやる余裕を失い、政府は手のひらを返したように出生率を増やそうとしてきています。

環境問題が解決したわけでは決してありません。現在も年間で4万種（1日に100種以上）の生物が絶滅しています。これは、白亜紀末に恐竜が絶滅したときをもはるかに上回る、きわめて異常なペースといえます。

世界人口が1億人を切れば、戦争も飢餓も環境問題もなくなるとする説があります。私も同感で、日本で数十万人、世界で数千万人くらいを適正人口と考えます。適正人口とは、仮にみんながあちこちで排せつやポイ捨てをしても、環境面・衛生面で問題が生じない人口としています。実際、大きな災害が起きて社会が麻痺したときには、そうせざるを得なくなりますので、このような事態は当然想定しておくべきです。

世界人口が大幅におさえられると、住宅や農地などに使う土地が減ります。地球上の大部分を自然のまま残しておけるのです。そうなれば、ヒトと距離が近いとどうしてもうまくいかないカバ・クマ・ドクガ・スズメバチといった動物も、森林の奥深くへと帰っていくことでしょう。

身近なところでは、満員電車も渋滞もなくなり、あらゆる「行列」「混雑」がなくなります。崖や河川の近くなど、災害の危険があるところに住む必要もなくなり、自然災害や気象災害もなくなります。地価が下がってみんなが大きな家に住めるようになります。隣家との距離を何キロも取れるので、騒音を始めとしたご近所とのゴタゴタもほぼなくなるでしょう。

もちろん、人口減少にはデメリットもあります。まっさきにあげられるのは年金の問題です。しかし、年金という制度は、どう考えても「オワコン」です。「若い人が働いて高齢者を養う」というシステムを、きれいさっぱり未練なく捨て去り、まったく新しいシステムをゼロから創る時期にさしかかっているのではないでしょうか。

国力・経済力が落ちることも懸念されますが、地球がダメになっては経済もへったくれもありません。永遠に成長し続けなければいけない「経済・マネーゲーム」こそが、究極の「クソゲー[*1]」「ムリゲー」であったことを反省する機会かもしれません。

経済が発展しなくてもやっていける、人口が減っても回る新たな「ゲーム」「生きがい」を一から創る覚悟も必要でしょう

さらに、少子化が進んで人手不足が深刻化すると、社会インフラが崩壊するのではないかという懸念もあります。そこは、AIのさらなる発展に期待したいですね。

環境問題を語ると、どうしても「人口を減らそう」という月並みな（今の日本では、月並みですらなくなってしまった？）結論に達しがちですが、言いかえれば、これ以外に方法はないということでもあります。

田中優さんの著書『環境教育 善意の落とし穴』（大月書店）では、人口が少ないことで知られるアイスランドについて、次のように述べています。

アイスランドでは小規模な自然エネルギーで暮らそうという価値

*1　もともとの意味は「クソのようなゲーム」「くだらない、つまらないゲーム」の意味ですが、転じて、理不尽な難易度でまともにプレイしたら到底クリアできないゲームを指すことが多くなりました。昭和の「ファミコン時代」には、このようなゲームが多数存在しました。

> 観が確立しているが、30 万人の人口だったからこそ、公共事業も巨大化せず、利権は小さく、人々の意思は伝わりやすく、互いに信じあって生きようとすることになった。

また、花里孝幸さんの著書『自然はそんなにヤワじゃない―誤解だらけの生態系』（新潮選書）でも、こう結論づけています。

> 使用エネルギーが少なかった昔の不便な生活に戻ることは不可能だから、人口を減らすことしか人類の未来の選択肢はない。

日本は超少子化を迎えていますが、悲観するのでなく、世界をリードする人口減少社会のお手本となることを目指してはどうでしょうか。今の地球人口では、地球資源の量から考えてすべての人が健康で文化的な生活をすることは不可能で、「必ず誰かが犠牲になる世界」なのですから。

未来の子どもたちへの「ギフト」とは何か。そういうことを、改めて考えてみる時期にさしかかっているのかもしれない。私はそう考えています*2。

*2 「結婚も出産も義務ではないよ。子どもが大好きで、なおかつ国会議員に立候補する以上の覚悟をもって『我こそは！』と思う人だけ子育てにチャレンジして」とマスコミでアナウンスして欲しいと思います。児童虐待などの問題も、子どもをつくることを、社会が半ば「無理強い」してきた弊害ではないでしょうか。

おわりに

最後まで読んでくださり、どうもありがとうございます。

いかがでしたでしょうか。気象のおもしろさを再確認した、気象にはまってしまって気象予報士を目指そうと思う、そんな方がいらっしゃればこれ以上の喜びはありません。

気象学も自然現象である以上、法則や共通点に照準を定めますが、気象って本当に「個性」に富んでいるんだなあ、とも実感されないでしょうか。

低気圧といっても、曇りで済んでしまうこともあれば、土砂降りの雷雨になることもある。温暖前線といっても、霧雨で終わることもあれば、篠突(しのつ)く雨になることもある……。みんな個性があるのです。

私はよく授業でも言うのですが、「生物が100万種いれば100万通りの生き方がある。人間70億人いれば、70億通りの人生がある」のです。令和の時代は、平成以上に個性が尊重される時代になっていくことでしょう。

またこんな言い方もあります。

「部下の個性を生かそうとするのがリーダーであり、すべての部下に同じ能力を求めるのが暴君である」と……。

これからの時代、ますますリーダーが増えて欲しい、でもまたリーダーにならないという選択肢も認められる時代になって欲しい、天気に想いを馳せながら、そんなことも考えつつ執筆しました。

本書を読んでくださった、ご縁ある読者の皆様と、またどこかでお会いできるのを楽しみにしております。

最後になりましたが、本企画のお話をいただき、多大なるご指導をいただいた田中裕也様に深く御礼を申し上げます。

金子大輔

参考文献等

書籍

- 『一般気象学』小倉義光 著（東京大学出版会）
- 『暴風・台風びっくり小事典－目には見えないスーパー・パワー』島田守家 著（講談社）
- 『気象予報士・予報官になるには』金子大輔 著（ぺりかん社）
- 『こんなに凄かった！伝説の「あの日」の天気』金子大輔 著（自由国民社）
- 『雷雨とメソ気象』大野久雄著（東京堂出版）

WEBサイト

- 気象庁　*http://www.jma.go.jp/jma/index.html*
- 日本気象協会「tenki.jp」　*https://tenki.jp/*
- 東京管区気象台　*https://www.jma-net.go.jp/tokyo/*
- 福岡管区気象台　*https://www.jma-net.go.jp/fukuoka/index.html*
- 熊谷地方気象台　*https://www.jma-net.go.jp/kumagaya/index.html*
- 学研キッズネット　*https://kids.gakken.co.jp/*

- 教科学習情報　理科
  https://www.shinko-keirin.co.jp/keirinkan/kori/science/sci_index.html#top
- 高精度計算サイト　https://keisan.casio.jp/
- 子供の科学の WEB サイト「コカねっと！」　https://www.kodomonokagaku.com/
- 山賀 進の Web site　https://www.s-yamaga.jp/index.htm

記事

- 世界・日本における雨量極値記録
  https://www.jstage.jst.go.jp/article/jjshwr/23/3/23_3_231/_pdf
- 【世界でも珍しい気象現象】日本海側で多発する"冬の雷"。
  落雷エネルギーは、夏の雷のなんと 100 倍以上！
  https://latte.la/column/100220685
- そんなに日本が好きなの?!　秋台風の進路のナゾ…夏の台風とはどう違う？
  https://latte.la/column/99242903
- 少子化は本当に悪？戦争も飢餓も環境問題もない世界を子どもたちに残すこと。
  https://latte.la/column/100220770
- 温暖化の科学 Q12 太陽黒点数の変化が温暖化の原因？
  - ココが知りたい地球温暖化（地球環境研究センター）
  http://www.cger.nies.go.jp/ja/library/qa/17/17-1/qa_17-1-j.html
- 2000年7月4日に起きた東京都心における短時間強雨の発生機構
  https://www.metsoc.jp/tenki/pdf/2008/2008_01_0023.pdf
- 平成 12 年 5 月 24 日関東北部で発生した降雹被害
  https://www.kenken.go.jp/japanese/contents/activities/other/disaster/kaze/2000kanto/index.pdf

- 「北極振動とは何ぞや？」（計算気象予報士の「こんなの解けるかーっ！？」）
  https://blog.goo.ne.jp/qq_otenki_s/e/da146689585c4d4c835489a38464963e

- 「温暖化の科学 Q14 寒冷期と温暖期の繰り返し－ココが知りたい地球温暖化」（地球環境研究センター）
  http://www.cger.nies.go.jp/ja/library/qa/24/24-2/qa_24-2-j.html

- 「黒潮大蛇行　くらしへの影響は」（NHK 解説委員室）
  http://www.nhk.or.jp/kaisetsu-blog/700/279354.html

- 「昨年から続く黒潮大蛇行、今後の生活や気象への影響は？」（ウェザーニュース）
  https://weathernews.jp/s/topics/201808/020165/

■著者略歴

金子　大輔（かねこ・だいすけ）

生き物と占いが大好きな気象予報士。
東京都江戸川区出身。
幼稚園から高校までの教員免許を持つ。
東京学芸大学教育学部卒業後、千葉大学大学院自然科学研究科環境計画学専攻修了。株式会社ウェザーニューズでの予報業務、千葉県立中央博物館、東京大学大学院の特任研究員などを経て、現在、桐光学園中学高等学校で理科を教えている。油絵（抽象画）も描く。
著書に『こんなに凄かった! 伝説の「あの日」の天気』(自由国民社)、『世界一まじめなおしっこ研究所』(保育社)、『胸キュン! 虫図鑑 もふもふ蛾の世界』(ジャムハウス) などがある。
日本気象予報士会会員、気象キャスターネットワーク会員。

本書の内容に関するお問い合わせ
明日香出版社　編集部
☎(03)5395-7651

図解 身近にあふれる「気象・天気」が3時間でわかる本

2019年　8月　23日　初版発行

著者　金子大輔
発行者　石野栄一

明日香出版社

〒112-0005 東京都文京区水道 2-11-5
電話 (03) 5395-7650（代 表）
(03) 5395-7654（FAX）
郵便振替 00150-6-183481
http://www.asuka-g.co.jp

■スタッフ■　編集　小林勝／久松圭祐／古川創一／藤田知子／田中裕也
営業　渡辺久夫／浜田充弘／奥本達哉／横尾一樹／関山美保子／藤本さやか／南あずさ　財務　早川朋子

印刷　株式会社文昇堂
製本　根本製本株式会社
ISBN 978-4-7569-2044-7 C0040

編集担当　田中裕也

図解　身近にあふれる「生き物」が３時間でわかる本

ISBN978-4-7569-1959-5

左巻　健男 編著

B6 並製　200 ページ　定価本体 1400 円＋税

身近な「生きもの」を約８０取り上げ、図やイラストを交えながら解説します。学校のお勉強的な解説ではなく、「どう身近なのか」「ヒトとの関係性」を軸にして、「へ～そうなんだ」という面白さを出せるようにまとめます。

暮らしに役立つ生き物の知識が、毎日の生活に彩りを与えてくれる、そんな１冊です！

図解　身近にあふれる「微生物」が３時間でわかる本

ISBN978-4-7569-2011-9

左巻　健男 編著

B6 並製　224 ページ　定価本体 1400 円＋税

かずかずの身近にあふれる菌やウイルスなどの微生物をとりあげ、人との関係や、人にどのような影響を及ぼしているのか、紹介する。
人にいい影響・悪い影響をおよぼすもの、食べもの、病気、健康などに関連したたくさんの「微生物」を、親しみやすい文章とイラストで説明します。

図解　もっと身近にあふれる「科学」が３時間でわかる本

ISBN978-4-7569-1991-5

左巻　健男 編著

B6 並製　232 ページ　定価本体 1500 円＋税

昨年ヒット作になった『図解　身近にあふれる「科学」が３時間でわかる本』の続編的第２弾。まだまだたくさんある「身近にあふれる科学」の面白さを、どうしても紹介したくて誕生しました。内容はもちろん重複しないうえ、さらにパワーアップ！「食品」や「健康」関連のトピックをはじめ、AI やロケットなども網羅し、より身近な関心事を刺激する内容になりました。

図解　身近にあふれる「危険な生物」が３時間でわかる本

ISBN978-4-7569-2037-9

西海　太介 著

B6 並製　216 ページ　定価本体 1400 円＋税

イラストでわかる危険生物の実態と危険回避の方法を解説！

山や海、森はもちろん、普段生活している住宅の周りには危険な生物はたくさんいます。

毒を持つ生物、噛みついてくる生物、触るだけで危ない生物……。

皆さんはどれだけ知っているでしょうか？

本書は全 50 種の動植物を取り上げました。